遇知
更美的自己

郑小薇 —— 著

中国文史出版社

Part **3**

仪 态
仪态之美不可复制

修 养
让人舒服，是一个人最大的修养

Part **4**

Part 5

内涵

比知性更高级的是高雅

Part 6

职场

让魅力成为你的交际名牌

Part 7

处世
做一个通透圆融的女子

第 **1** 章

形 象

怎么穿，是女人的头等大事

形象无时无刻不在影响着周围人对你的评价和自信心。正如美国形象设计大师罗伯特·庞得所说："服装是视觉工具，你能用它达到你的目的，你的整体展示——服装、身体、面部、态度为你打开凯旋的胜利之门，你的出现向世界传递你的权威、可信度、被喜爱度。"

Class 1 天生形象不佳，一样可以做女神

如果你对自己天生的形象不甚满意，可千万不要气馁，因为外在可以改变，而且它是女神气质计划中最能速成的。

有一句话说得很好：不要幻想谁能通过你糟糕的外表发现你美好的内在。虽然要做气质女人必须内外兼修，但你必须记住，你整个人的风采 = 你的外表 + 你的外在。只要我们仔细观察就会发现，没有几个被标签为"气质佳"的女人会带给你外表邋遢的印象。相反，有气质的女人即使不是优雅高贵，也算得上落落大方。总之要很"顺眼"。不过，如果你对自己天生的形象不甚满意，也千万不要气馁，因为外在可以改变，而且它是女神气质计划中最能速成的。

一个人的外在形象包括什么呢？无非是发型、体态、容貌、衣着等。

首先，你必须找个靠谱一点的造型师，为自己量身打造一个专属发型。总之，发型是与你的气质和脸型相匹配的，而且这还不够，在你固定了发型以后，还得讲究服装与发型的搭配。永远不要有偷懒的念头，也不要幻想有一劳永逸的发型，更不要迷信"乱搭出奇效"。只有当一个人从上到下都相互协调了，她的独特气质才会应运而生。还有一点，我们在选择发型时，除了考虑身体、气质的因素外，还要把职业、场合等元素也融合进去，就是说，你的整体造型一定要符合你的身份。记住了这些要点，便可大刀阔斧地拿自己头上的一亩三分地进行改造了。

其次便是容貌了，当然，根本不用我说，这都是千百年来所有女人心照不宣的执着。颜值，颜值，曾让多少女人爱恨交织。其实，气质对于容貌的要求并不是干瘪瘪的"美丽"，而是舒服、大气。试想，天下女人基因各不同，总要有些参差不齐才正常吧，哪能都长着一张清新脱俗的脸呢？但是，不管你长得平庸还是出色，不管你是喜欢浓妆、淡妆，还是偏爱素面朝天，都要好好保护你的脸。作为女人，这个工作应该不太陌生，也不太难。要想保护你的容颜不老、不衰，就要做好日常的护理，最基础的就是一定要给自己修个合适的眉型，因为眉毛对容貌是要负一大部分的责任，它直接影响和决定一个人的精神面貌。然后就是保养脸部肌肤的事儿了。平时一定要把脸洗干净，如果习惯化妆，则一定要把妆卸彻底啦，再就是定期做做面膜，让肌肤补水，外出记得防晒。至于应不应该化妆这个问题，我觉得还是根据个人的需要和喜好来比较好。如果你想尝试日常化妆，就先学着为自己画个简单的妆容，如果自己拿捏不准，可以请求医美的辅助。

接下来就是体形。不管你是高矮胖瘦，都要记住一个法则，那就是一定要匀称。因为只有匀称的身材才能使整个身体看起来协调，而且它还是你穿衣好看以及好的精神面貌的基础保证——这应该成为每个女人对自己的初级要求，然后在此基础上追求所谓的凹凸有致、"S"形等。平时，我们可以通过跑步、俯卧撑、跳绳、蹲站、箭步蹲、游泳、骑自行车等简单易行的运动来达到塑造完美身形的效果，它们能有效地强健身体并燃烧掉多余的卡路里。当然，只做运动还是不够的，你还需要注意饮食的健康和有规律的充足睡眠。最后提醒一点，好身材的保持，一定离不开你的坚持。

再有就是穿衣搭配。人靠衣装，一定要培养你的穿着品位。一个有品位的女人，任何价位都能买到适合她的服装，你要善于用自己的审美挑选出能使自己气质凸显的单品，但前提是你必须了解你自己。不知道大家看没看过《曼哈顿女佣》，一个女佣，穿了一件5000美元的衣服马上气质就变得不一样了，她穿着这身衣服开始和议员约会。虽然他爱的是她的心，但那件衣服无疑在重要的时刻改变了她的身份。这就表现出衣品对女人的重要性。当然，服装不必追求品牌，时尚也不是奢侈品，有品就好。

　　做到以上这几点，你的完美气质计划里的外在形象的打造就基本完成了，我敢打赌，这样的你一定看起来更漂亮、更自信，因为你那"随随便便的样子"，总算有了质感。

Class 2 风情有万种，看你怎么露

那种恰到好处的露肤,总是伴随着无边的风情,比起直白的裸露,性感指数更入骨三分。

优雅的女人天生尤物,懂得裸露的分寸也是一种学问。那些服饰间隐约露出的香肩和美背,总是充满诱惑,优雅迷人,宛若恰到好处的艺术品。但是很有可能我们一不小心弄巧成拙,把性感演绎成了色情,把高雅穿成了低俗。有时候,艺术和下流之间,可能真的只隔了几厘米的距离,把握好这个距离是我们掌握优雅性感的一把钥匙。

那种恰到好处的露肤,总是伴随着无边的风情,比起直白的裸露,性感指数更入骨三分。没有什么比欲盖弥彰的、使得无数人为其迷醉的似露非露,更像一杯滋味绵长的陈年佳酿了,轻轻呷一口,浓烈适中,滋味绵长,能让人回味很久很久。

那么在平时的装扮中,我们要怎么把握这个露与不露的尺度呢?

第一，肩颈就是我们的灵魂线

觥筹交错间,女性半裸香肩,暗香浮动,或低头微笑,或沉静凝听,说不出的风情,道不尽的雅韵。

女人的脖颈是我们脊柱向上的延伸,也是我们身体最坚定的联结,相比脊柱,它又多了几分柔软与妩媚,而恰恰是这样软硬兼施的美才是它真正迷人的来源。

一个转身,一次回眸,一个低眉的浅笑,一次傲人的抬眼,都是因它才生出万种风情。《色戒》中汤唯的旗袍的领口都被加长并添加了内里作为定型,使得这种曲线感完美表现。

假如您有漂亮的锁骨线,那么一字领之类的衣服就是您的首选。

很多姑娘手臂粗,不敢穿无袖,露肩装就是很好的替代品。

露出你的锁骨和肩头，会使得脖颈修长、显得优雅，最重要的是：一般露肩装都有袖子，能帮你遮掩上臂赘肉、让他人的视觉注意力集中在你的锁骨上！

约会、相亲时，微微露出肩部，也是非常有魅力、有女人味的细节。

当视线停留在锁骨，让人迅速联想到的是一个优雅性感的轮廓，这看似漫不经心的裸露部位，却着实让女人充满灵性，它也逐渐成为性感的代名词。

第二，"亮"出事业线

作为女性特征最明显的部分，事业线自然不能不提，看看现在持续进步的现代文明，审美也在不断更替，无论你的 Size 是否傲人都能穿出性感和雅致来，甚至平胸反而更有奇效，更带气质。但是千万不要为了露而露，恰如其分的尺度，会有一种欲语还休的美丽来。

你可以选择适合自己的 V 领，根本就不需要用大尺度的暴露，一个小小的 V 领，就能为性感加分。相比各种袒胸露乳，这种更婉约的性感，要高级许多。

第三，"炫"腹

对于想露，又不想太过直白的女性朋友来说，露脐装是我们的最好选择。觉得露事业线、露背都太开放的女性，露出腹部就显得平易近人很多。但是这个真的很考验身材，如果你有一个游泳圈建议还是不要尝试了，就算是天生小腰精，穿着露脐装，参加晚餐聚会时，也得吸溜着肚子提醒自己不要吃太多，还是很辛苦的。

有个比较稳妥的方法就是，如果自己离平坦的小腹还有一丁点距离，可以露肚脐以上的部分，这样既展示了我们的小蛮腰，又不用担心暴露隐约的赘肉。至于纸片人、贫乳、身材缺乏曲线的姑娘们，就非常非常非常适合穿及腰短款上衣。短上衣＋高腰裙或高腰裤，非常减龄、非常少女，也非常显身材高挑、腿部修长！这种好事一定要试试。

第四，"转"身的风景

着装大胆的女性背后风光总无限，露背是春夏季的特权，而那些背部的捆绑细节能摆脱空荡的尴尬，还能带来更多造型乐趣。比如戴安娜王妃，她是有名的皇室时尚代表，作为一名声名远播的"珍珠控"，王妃喜欢在后背深 V 礼服裙后，搭配一条珍珠项链，性感迷人。

露背装很好地诠释了"意想不到的风景在转身之后"这句话。而后背 V 领加蝴蝶结绑带的裙装也是非常不错的选择，浪漫甜美，性感而不过分。

假如你有美丽的脊背和蝴蝶骨，这种性感会充满文艺气质。

第五，"闪"出来的神秘

还有一种适合优雅女性的选择，就是开衩露腿。

短裙早已不是潮流前沿的必备单品，现在女人们衣橱里的必备裙装，是开衩中长裙。

在稳重的中长裙上开个长长的衩儿，恰到好处的高度，于是，你无论是站着、走着还是坐着，腿部线条在开衩的、随风摇曳的裙摆间若隐若现、时有时无，这腿露得如此含蓄，却又风情万种。

就凭这低调的性感、优雅的妩媚，开衩中长裙绝对是每个追求优雅性感的女性必选了。

一个女人，不管年龄几何，不可能从头到尾没有一点优点，把注意力放在你的优点上、去发现你自己拥有的美丽，放大这种优势，智慧女人玩起高级性感从来都是游刃有余，一个优雅的女性，必须要学会优雅地露哦！

Class 3 穿对礼服，你就是女王

无论我们在日常生活中是如何的平庸，无论我们在工作中是多么微不足道，但是当我们穿上礼服的那一刻起，我相信你能听到破茧成蝶的声音。

如果您的衣柜里没有一件合适的礼服，得好好反省一下自己了。因为礼服对于女人来说，真的是一种非常梦幻的party，它是所有追求美的女性，通往梦幻城堡的钥匙，是那一辆乘载着梦想的南瓜车，是开启另外一个世界的魔法棒，是我们发掘内心深处的自己的魔音……

总之，礼服是一个神奇的存在。

无论我们在日常生活中是如何的平庸，无论我们在工作中是多么微不足道，但是当我们穿上礼服的那一刻起，我相信你能听到破茧成蝶的声音。

在电影里面，我们时常看到在拥挤的小剧场里穿着高级天鹅绒长礼服的姑娘，或者马路上戴着大礼帽珍珠项链步履蹒跚的老奶奶。那种画面特别令人动容。反观我们自己，很多人一辈子大概只穿过一次礼服，就是结婚的时候，而且多半矫枉过正，将一辈子缺失的礼服在那一天全部堆砌上去，看起来不伦不类。

本应该是最美的一刻，却被生生写成了一个俗字。

每个女人都应该准备一两件合适的礼服，不要觉得用不上，谁知道哪一天我们是不是要性感美艳地去参加前男友的婚礼呢？

开个玩笑了，但是懂得为自己挑选合适的礼服是非常重要的。我见过很多姑娘在买人生中的第一件礼服时常常会走入误区，会误把亮闪闪的装饰当成华丽，把层层叠叠琐碎的蕾丝当成隆重。这种效果会把一个本该优雅高贵的女人变成酒店的迎宾小姐。

我相信女性朋友总会遇到出席正式场合的时候，比如婚宴、晚

宴等等。如何挑选一件合适的晚礼服，将决定你表现出的气质是高贵还是草率，是美丽还是默默无闻？

这一瞬的美丽在于我们平时的留心和学习中。

第一，怎么来挑选合适的礼服呢？

首先，学会做减法。

变美其实是一个做减法的过程。学会跟那些廉价的材质，轻佻的艳色，不合身的剪裁说再见，这是第一步。面料的精致与否体现了隆重感，一般来说，除了面料本身的纹理，还会有一些加刺绣或者镂空镶珠之类的工艺，但是从保养角度来说，我建议越简洁越好，像天鹅绒面料的衣服对比较正式的场面都是 hold 得住的。

如果您选择修身长款的礼服，就一定要准备一双至少八厘米以上的高跟鞋。记住，没有高跟鞋不成晚礼服，美若天仙分分钟变土行孙。痛也要忍着啊。

然后，还有一个怎么也不会错，也是最简单的入门款：小黑裙。一件小黑裙，可以带你走遍全世界。可活跃可庄重，而且永远不会出错。简直是百搭或者说是经久不衰的款式。作为最为高贵的黑色，无论是低抹胸造型还是修身的高腰，都可以充分展露女性的魅力。

其次，假如是要参加一些重要的商务酒会，女士要尽量选择保守低调的款式和颜色。毕竟，露出事业线也会分散客户的注意力。

一般来说，礼服的长度体现其隆重感，裙子越长，这种感觉越重，如果不是走红地毯或者参加晚宴，最好不要选择及地裙，不然会显得太过了，一般中长度的礼服就能应付很多场合了。

第二，什么场合搭配哪种礼服呢？

我挑选了几个常见的场合给大家一些建议，不过工作性质会决定我们日常生活中出席这些场合的频率，最终怎么合适还是因人而异的。

音乐会及歌剧院: 尽量选择穿丝质礼服。除艺术气氛上的考虑外，还有一个原因：丝质纤维对音乐的反射最为合理，能让音乐的效果更加珠圆玉润。

好友婚礼：对未婚人士而言，参加好友婚礼是一个结识同龄朋友的绝好机会。上班正装在这种场合显得太过刻板，无从反映你个性中独特的一面。穿晚礼服则可使你成为当天亮眼的一道风景。不过，记住不要让自己盖过主角的风采哦。

商务酒会：这种酒会无论规模大小，如果不是特别标明可以穿便服前往的，就一定要穿上晚礼服以示你的重视。当然，如果事先得知酒会的主题并不隆重，只是一个"聚谈派对"，就不要弄得像个好莱坞明星一般。长至膝部的礼服裙，也许更能体现你的坦率与年轻。

宾馆附设的西餐厅就餐：在这种场合，美酒及气氛比菜肴的数量更能给人留下难忘的印象。在友好对酌的气氛中，优雅的晚礼服将成为气氛的调和剂。

正规晚宴：穿礼服赴宴是对主人的尊重及感谢。一旦穿上高档礼服，举案大嚼、声嘶力竭地劝酒及醉酒者就将大幅度减少。穿晚礼服，会约束我们的言行，更加优雅。

要把晚礼服穿得入时出挑，当然最好将服装的主题色与流行色结合起来。如果来不及挑选款式别致的礼服，那就只买简单得不能再简单的款式——黑色、开领、无袖，简单含蓄，永远不会落伍。再用精致细节来点睛，比如精致的流苏刺绣披肩加高跟鞋，可以表现慵倦的旧式淑女风范；粉红色小山羊皮玫瑰手袋加珊瑚项链，尽显浪漫，也是非常不错的选择。

最后，请搭配你从容得体的微笑，它是与我们礼服最相配的首饰，去做自己的女王吧！

Class 4 选对高跟鞋，告别腿型缺陷

腿粗的人选择一双适合自己的高跟鞋，一样能将优雅展现得淋漓尽致。

都说站在高跟鞋上，看世界的角度都会变，作为一个优雅的女人，怎么可能不穿高跟鞋呢？但是并不是每个女人都是上帝的宠儿，没有大长腿的女孩就只能靠后天努力了。选对高跟鞋，有可能会改变我们整个人生，不幸的是，如果穿错了高跟鞋，你可能要质疑自己的人生了。

尤其是腿粗的女生，在高跟鞋的穿着选择上可能写下好几部辛酸血泪史，万一不幸你还是个小腿粗的女孩，那在选择鞋子上简直有了致命伤。许多人看着商场一双双漂亮而精致的鞋子却不能驾驭，那可真是扫兴。

其实，适合自己的才是最好的，腿粗的人选择一双适合自己的高跟鞋，一样能将优雅展现得淋漓尽致。

十几年美学上的潜心研究，我已经在掩饰腿粗这件事上取得了卓越的成绩。下面不妨跟大家分享一下我的选鞋原则：

第一，视线转移法

当然，我这里所说的视线转移并不是一味地遮掩，有时候适当地露也是一种成功的转移哦。比如说利用裙（裤）长、剪裁形状、色彩种种配套使用。

视线转移法就是在装扮中，设法让大家的注意力从腿上转移到其他部位。所以，各种花式绑腿绑带鞋一定要从我们的备选单中剔除，因为这种鞋会让大家把注意力集中在我们粗壮的小腿上，假如不幸勒出肉来的效果就有点像捆蹄子了，简直不忍直视。

第二，对比表现法

鞋子是直接影响到我们小腿形状和长度的重要环节。很遗憾，如果我们没有逆天的大长腿和完美的腿形，我们就不能做到随心所欲，喜欢什么穿什么，因为确实存在着有些根本穿不上或者穿上了惨不忍睹的情况。

如果小腿比较粗，尽量不要选鞋跟太细的高跟鞋，俗话说，没有对比就没有伤害。如果个子比较矮小，也尽量不要选择太高的高跟鞋，道理同上。

一般来说，鞋跟的粗细必须与身体和小腿成正比，较胖的人不要选择太细的鞋跟，否则鞋跟看起来会有"撑不住"的感觉。

第三，化繁为简

所有亮片啊、蝴蝶结啊、流苏啊、各种花式鞋带之类华丽的高跟鞋，都不适合腿粗界的美眉，因为这样还是把目光重点转移到我们的缺陷上来了，最好选择裸色，开口，鞋跟较粗的高跟鞋，这样还可以在视觉上起到拉伸腿长的效果。

有一个鞋跟的黄金分割公式分享给大家：（腿长＋鞋子高度）/（身高＋鞋子高度）≈ 0.618（理科不好的同学找个脑子灵泛点的男友算算哈）。

第四，宁长勿短

如果是选靴子，小腿粗的人一定要穿肥一点、长一点的靴子，最好盖过小腿肚就适宜，也不要让靴子边卡在小腿肚上，这样看上去只是靴子肥，而不是腿肥，长靴或者及踝靴是最佳选择。

如果一定要穿短靴，也要穿到脚踝的、筒大的，不要毛绒的、带褶皱的，如雪地靴要绝对避免。紧身靴对腿粗的人来说其实会导致反效果，倒不如选择靴口略为宽松的，使膝盖上下保持一致，反能使小腿显苗条。

第五，低调显奢华

选靴子的时候，粗腿女生尽量别选亮光材质，别在自己喜欢但又不合适的颜色上死磕，尽量选择暗色的，如黑色、深咖啡色、藏蓝色、墨绿色、酒红色等，不要穿驼色、桔色、红色、白色等。

另外，教大家几个在买鞋子上的小诀窍，掌握它们不仅能让我们的双腿变美，也能避免我们的脚为这种美丽而忍受刀割般的痛苦，优雅的女人走路不疼，全在这几个秘诀上了。

1. 选择正确的买鞋时间

买鞋应该在一天的晚些时候（最好是上午 10 点或下午 4 点），这个时候脚相对要大些，可以选择到更合适的鞋子。

2. 穿大小合适的鞋

很多年来，许多女性穿着比自己脚小的高跟鞋，认为这样看起来更秀美，这实在是个相当不负责任的说法。

现在女性最小的脚尺寸也有 9 英寸 (22cm)，比所谓的小脚要长足足 4 英寸。事实上半个号和一个号 (1/4 英寸差别) 看起来几乎没有任何差别，而且，对于高跟鞋来说，一个号的差异用肉眼根本看不出来。尤其对于更高的 5 ~ 6 英寸甚至 7 英寸高跟，长点的鞋可以使你走得更好。

穿高跟鞋时，同样的跟，尺寸越长，应该感觉越舒服。所有的鞋都应该略微比脚大一点点（至少 1/8 英寸即 0.3cm），没概念的同学可以用尺子看看这是多长。你绝不应该买一双穿着紧的鞋，哪怕是一点点紧，因为这样会挤伤你的脚并导致不必要的疼痛和问题。

3. 解救你的逛街脚

如果你的脚正在遭受痛苦的肿胀，那就把脚浸泡或用冷水冲达约 10 分钟。有助于减少炎症和脚的肿胀，绝对是非常见效的好办法。

4. 硅胶垫创可贴

穿高跟鞋的脚丫也需要硅胶。前脚掌垫个厚厚的硅胶垫，不仅起到缓冲作用，还能自制一个防水台。在后脚脖子横着贴一个创可贴，让高跟鞋更跟脚，自然省着脚玩命绷着力了。

5. 选择高度适合的鞋

高跟鞋的"健康标准"是在 7 厘米以下，高度最好在 3 ～ 5 厘米；鞋跟不宜太小，否则难以稳定地支撑体重；鞋头宜稍宽松，让脚掌及脚趾多一点空间。另外，最好在办公室准备一双舒适的平底鞋，与高跟鞋交替着穿，或在休息时改穿平底鞋，让脚前掌有休息机会。

不管你是大长腿还是小短腿，抑或是萝卜般粗壮的腿，只要穿对了高跟鞋，不但可以弥补自己的缺陷，还能化腐朽为神奇，让自己成为当之无愧的优雅女神呢！

Class 5 耳环，脸型修饰的神来之笔

每一个摇曳生姿的约会夜晚，都少不了它们的身影。

历经亘古，跨越时空，耳环的由来有许许多多的传说，它在人们的心中始终散发着光彩夺目的光芒。每个女孩子都有可能会佩戴耳环，它既能衬托出女性美，也能带来好运。这些恰到好处的装饰品总能更好地烘托女性的优雅气质，在这些巧妙的小细节中，我首推大耳环。

当女性半张脸掩于耳环之后，整个脸型就会变得娇小生动起来，随着她说话，转头，肌肤与耳饰相触，总有一种让人说不出的神往。

在美学界，大耳环绝对是侧颜杀手，它不仅可以巧妙地修饰我们的脸部线条，还是一种扮靓显时尚的好方法。对于一个懂得驾驭自己优势的女性来说，大耳环能让她们更自信，随便再搭配一些其他配饰，就能把每一个出街都变成最亮丽的风景。比如大纽扣似的耳坠，配上正红的烈焰美唇，就显得性感明艳且大气磅礴。特别适合办公室白领女性，既简单又有十足的韵味，好像那方耳坠撑不住我们的风情万种，就这样才能刚刚好。

跟这种贴面似的耳坠相反的是，可以在耳朵上随意摇摆的大耳环，它们就更加广阔而富有诗意，每一个摇曳生姿的约会夜晚，都少不了它们的身影。

但即使是大耳环，不同脸型的人选择也会有区别的。

一、根据脸型选耳环

并不是所有人都适合大耳环，不同脸型和风格的女性，选择大耳环的标准也会不一样。

首先，耳朵本身比较小的女性，是不适合戴太过于夸张的大耳环的，你可以自行脑补一下，小孩子穿着妈妈的鞋子那种画面，会

显得很不协调。

另外大耳环的造型各种各样，不同造型的耳环给人不同的美感和风格，也会有完全不同的效果，女性朋友在倾心于它们的美丽时，一定要忍住，选择适合自己的，而不是看上去漂亮的款式。

假如你是圆形脸的女生，那就千万不要选择佩戴圆形的耳环，这只会让我们的脸部显得更大更圆，选择棱形的造型就能突出脸部的线条感，产生椭圆形的美学效果；而方形脸的女生可以选择流线型的耳环，这样可以起到让下巴部分看起来变尖，修饰脸部轮廓的效果。一定要避免使用有明确和强烈边缘的耳环，因为它们往往强调你的下巴形状。

如果脸型偏长，就不要选择细长型的大耳环，这只会让我们的脸看起来更长，这个时候应该选择一对彰显脸形更宽的耳环，这样可以让视线向两边打开。

如果是菱形脸，就尽量选择曲线长耳环。比如珠球状的配饰，具有柔和的曲线耳环否定棱角锐利的颧骨，同时要注意避免使用具有钻石般的形状，这些夸大自己脸形的任何耳环都不适合。

二、根据肤色选择耳环

一般女性在选择耳环时往往只注重耳环的款式，或者关注了自己的脸型跟耳环形状的协调，却忽略了自己肤色和耳环色系的搭配，合适的颜色会让我们整张脸都神采飞扬。

古铜色的肤色：佩戴颜色浅淡的耳环，比如：奶油色玛瑙耳环。

比较黄的肤色：佩戴银耳环、白色合金耳环比较好。

比较白的肤色：选择耳环颜色的范围比较大，这种肤色可以佩戴颜色浓艳的耳环。大部分颜色的耳环都能起到好的打扮效果。

比较黑的肤色：佩戴银白色的耳环最好。也可以选择佩戴金色耳环，它适合各种肤色，给人带来一种明亮、纯净、富丽的感觉。

一个优雅的女子，一定会有这么一对讲义气的大耳环，任何时候总能在第一时间把别人的注意力吸引到我们的面孔上，成为人群中美丽的焦点。

Class 6 女人好"色"，还须懂"色"

没有颜色的女人，总是缺少了一股女人的优雅柔美感。

随着时光流逝，时尚潮流的风向标也总是在不停地改变，一些抓不住方向的都市女性，就习惯以一身黑灰白来装扮自己，纯色给人一种果断理性刚强之感，又不用在色彩搭配上费尽心思，节约了大把的时间，不得不说是一种怎么都不会出错的聪明之举。但是，常年灰黑白的你，不觉得明媚初夏或新春之际，少了点颜色的点缀，整个人生都充满遗憾吗？

没有颜色的女人，总是缺少了一股女人的优雅柔美感。请相信，这个世上除了灰黑白，总还有一些其他温柔的颜色等着你，只要我们懂得一些基础的颜色搭配原理，结合自身条件和风格喜好，就能穿出一个五彩缤纷的女人世界来。

当然，关于服装搭配的颜色并不是越多越好，千万别把自己穿成一道七彩虹。原则上来说，从头到脚一般不能超过三种颜色。

一、色彩的搭配方法

1. 上深下浅：端庄、大方、恬静、严肃。

2. 上浅下深：明快、活泼、开朗、自信。

3. 突出上衣时：裤装颜色要比上衣稍深。

4. 突出裤装时：上衣颜色要比裤装稍深。

5. 绿色颜色难搭配，在服装搭配中可与咖啡色搭配在一起。

6. 上衣有横向花纹时，裤装不能穿竖条纹的或格子的。

7. 上衣有竖纹花型，裤装应避开横条纹或格子的。

8. 上衣有杂色，下装应穿纯色。

9. 裤装是杂色时，上衣应避开杂色。

10. 上衣花型较大或复杂时，应穿纯色下装。

二、总体搭配原则

1. 有图案的上衣不要配相同图案的衬衣和领带。

2. 条纹或者花纹的上衣需配素色的裤子。

3. 鞋子的颜色要与衣服的色彩相协调。

4. 内外两件套穿着时，色彩最好是同色系或反差大的，搭配起来会更有味道。

记住，不要把沉着色彩，例如：深褐色、深紫色与黑色搭配，这样会和黑色呈现"抢色"的后果，令整套服装没有重点，而且服装的整体表现也会显得很沉重、昏暗无色。

黑色与黄色是最亮眼的搭配，红色和黑色的搭配，非常之隆重，但是却不失韵味哦！

三、肤色和服装的搭配原则

1. 皮肤白皙

这样肤色的女性选择服装的范围比较广。推荐：穿淡黄、淡蓝、粉红、粉绿等淡色系列的服装，都会显得格外青春，柔和甜美；穿上大红、深蓝、深灰等深色系列，会使皮肤显得更为白净、鲜明、楚楚动人。

这种肤色的人最好穿蓝、黄、浅橙黄、淡玫瑰色、浅绿色一类的浅色调衣服。

不宜：如果肤色太白，或者偏青色，则不宜穿冷色调，否则会越加突出脸色的苍白，甚至会显得面容呈病态。

2. 皮肤黝黑

皮肤黝黑的人，宜穿暖色调的弱饱和色衣着。亦可穿纯黑色衣着，以绿、红和紫罗兰色作为补充色。可选择三种颜色作为调和色，即：白、灰和黑色。主色可以选择浅棕色。此外，略带浅蓝、深灰二色，配上鲜红、白、灰色，也是相宜的。

穿上黄棕色或黄灰色的衣服脸色就会显得明亮一些，若穿上绿灰色的衣服，脸色就会显得红润一些。

不宜：不要穿大面积的深蓝色，深红色等灰暗的颜色，这样会使人看起来灰头土脸的。

3. 皮肤发黄

东方人的皮肤大都呈黄色，有一种被阳光照射的美感。但总给人一种不够健康的印象，这是因为衣服色彩选择不适合或多或少地影响了女性的仪表美。

推荐：面色偏黄的女性，适合穿蓝色或浅蓝色的上装，它能衬托出皮肤的洁白娇嫩，适合穿粉色、橘色等暖色调服装。

不宜：尽量少穿绿色或灰色调的衣服，这样会使皮肤显得更黄甚至会显出"病容"，品蓝、紫色上衣也不好看。

4. 皮肤小麦色

健康的小麦色肌肤与白色服装的相遇，能碰撞出非一般的搭配火花。

推荐：黑白两色的强烈对比很适合这类肤色。深蓝、炭灰等沉实的色彩，以及深红、翠绿这些色彩也能很好地突出开朗的个性。

不宜：不适合穿茶绿、墨绿，因为与肤色的反差太大。

5. 皮肤粉嫩

推荐：可采用非常淡的丁香色和黄色，不必考虑何者为主色。

在这些颜色搭配中，如果再加上首饰、手袋等的点缀，你的穿着打扮将会变得非常高雅而得体了，所以服装搭配中也一定不能忽视配饰的作用。

四、服装色彩搭配技巧原则

搭配技巧一：掌握主色、辅助色、点缀色的用法。主色是占据全身色彩面积最多的颜色，占全身面积的 60% 以上。通常是作为套装、风衣、大衣、裤子、裙子等。

辅助色是与主色搭配的颜色，占全身面积的 40% 左右。通常是单件的上衣、外套、衬衫、背心等。点缀色一般只占全身面积的 5% ～ 15%。它们通常是丝巾、鞋、包、饰品等，会起到画龙点睛的作用。点缀色的运用是日本、韩国、法国女人最擅长的展现自己的技巧。

衣服并不一定要多，也不必花样百出，最好选用简洁大方的款式，给配饰留下展示的空间，这样才能体现出着装者的搭配技巧和品位爱好。

搭配技巧二：自然色系搭配法，暖色系除了黄色、橙色、橘红色以外，所有以黄色为底色的颜色都是暖色系。暖色系一般会给人华丽、成熟、朝气蓬勃的印象。

都说女人最善变了，一周七天，天天不同，衣服的颜色就等同于我们心情的说说，所以，要给这个世界一点颜色看看哦。

Class 7 丝巾，女人必备小心机

用一方丝巾把温暖与热情、感性与柔美和谐地交融在一起，在清新随意中展示女人独有的生动和美好，是女人的特权和优势。

"没有丝巾的女人没有未来。"伊丽莎白·泰勒（Elizabeth Taylor）曾经这样形容过丝巾对女人的重要性。而丝巾所赋予女人的优雅情怀，也一直在时尚界延续。学会使用丝巾的点缀，就等于拥有一份特别的雅致魅力。

而每一条款式不一的丝巾、每一种花式不同的系法，都能反映出女人不同的心态和情怀来，用一方丝巾把温暖与热情、感性与柔美和谐地交融在一起，在清新随意中展示女人独有的生动和美好，是女人的特权和优势。

做好准备让丝巾的正确用法陪伴你走进优雅美丽的世界了吗？

一、什么时候戴？

总的来说，丝巾是一年四季都可以佩戴的，不过，由于制作的材质、编织方法以及织线的种类千差万别，花纹也各不相同，最后呈现出来的效果，也存在着很大的差异。所以每个季节选择的丝巾也不同。

在万物复苏、充满着勃勃生机的春季，可以选择一款明丽活泼的长丝巾，在干燥多风的春季可免去外套单调的烦恼，而且具有良好的保温性与防风性。除此之外，它的柔软呵护，让它在塑造各种形状时丝毫不显造作，反而会平添一份女人的柔美。

夏季，如果你碰巧是一位长期处于空调环境下的白领，那么一款薄凉飘逸的丝绸丝巾对你而言就再合适不过了，它更像是一位"时尚保镖"，既美观，又能抵御空调对颈肩的伤害。

在凉风渐起的秋季，最为贴心舒适的选择就是真丝围巾了。既

能帮你抵御瑟瑟秋风，其轻盈的面料又不会将你的魅力掩盖在厚重的材质下。无论是外出游玩或是朋友相聚，一款质地优良的真丝围巾都是你不错的选择。

寒冷的冬季，北风嗖嗖地吹，尽管穿了羽绒服、保暖衣，还是会感觉冷风不停地往脖子里钻，这时候一条温暖、漂亮的拉绒围巾就成了救急佳品，让冬日的我们"美丽而不冻人"。

二、什么场合戴？

不同的丝巾款式和系法带来的效果也完全不一样，如果丝巾纷繁变化的质地和图案让你不知所措，那至少记住它的系法，这样可以让你何种场合都不会怯场，担心自己装扮出错。

最正式：宽领带结

丝巾折成带状搭于颈间，将右边绕于左边从底部穿出，覆盖搭节后平搭于胸前，然后将丝巾置于外套内，这种系法比较适用于传统类职场或最正式的商务场合，一般见客户或者参加会议时可以这样打扮。

正式：平结

将小号或中号正方形丝巾对角线折叠成三角形带状，然后搭至肩膀交叉打结，此种方法适合传统类、亲和类行业，比如平时接待咨询类工作的女性可以这样尝试。

正式与休闲皆宜：牛仔结

小方巾对角折成三角形，将其中一角垂于胸前，然后将左右两端置于颈后打个平结，将丝巾外露显轻松活泼，适合休闲场合或亲和个性类职场；将丝巾内置于外套中则显稳重雅致，适合正式场合或传统类行业。

休闲：单扣结

将丝巾的两端都垂在前面，然后将一端从另一端穿出轻垂胸间即可。此种系法给人清新洒脱感，适合休闲场合或个性类职场。

三、戴在哪里?

腰部。有时候我会挑选一条颜色质地跟衣服相配的丝巾当腰带（腰粗的女性不要轻易尝试），这样不仅视觉上可以起到拉长腿的效果，还多了一分个性和洒脱随性，有时候还能巧妙地遮挡我们的小肚腩哦。

头部。当头饰，是常见的丝巾搭配方式。丝巾可以做头巾、做发带，甚至可以用丝巾来扎头发。带有不同花色的丝巾能够成为全身搭配的亮点。那种不留痕迹的跳跃总是给人意想不到的美丽。

衣物上。当点缀，无论是将丝巾缠在包包上，或者只是塞在口袋里露出靓丽一角，都能在沉闷中给人惊喜。

颈部。说了丝巾的几种用法，最后当然是丝巾最为本质的一个用法：系在颈间。颈间一抹亮色是优雅，一抹纯色是高贵。既能系的随性，又能系的淑女。

飘逸灵动、随性而变，这些不仅是丝巾拥有的特质，也是优雅女性的写照。

Class 8 内衣，女人的另一场爱情

即使只是面对自己时，镜子里的她依然是性感而充满魅力的。

有句话说，高贵的女人看她的内衣。我们穿在外面的服装更多是穿给别人看的，而内衣则是取悦自己的。对于一个女人而言，内衣不会比外衣廉价或随便，即使只是面对自己时，镜子里的她依然是性感而充满魅力的。

当然，并不是越贵的内衣越好，很多时候，不同款式的衣服需要搭配不同的内衣，如果是冬季穿得厚实，内衣的区别并不大，但是一到夏天，各种内衣的尴尬就出来了。作为一个喜欢穿露肩背装和一字领的女性，我跟大家分享一下穿内衣的秘密。

第一，怎么隐藏我们的肩带

夏季简直是女人的天堂，很多女性朋友喜欢穿着清凉的小吊带、露背装来展现自己的风情，但是一不小心就被自己愚蠢的内衣带子给出卖了。要知道平时穿的一字露肩、斜肩、吊带、三角挂肩、露背，都不能穿规规矩矩的内衣的，一定要搭配专门的内衣。

不要相信淘宝上那些鼓吹可以外穿的透明肩带或者镶钻蕾丝花边带，更不要让自己紫红翠绿的粗肩带露在外面，这显得非常失礼和不讲究，没有一个自称优雅的女人会这么做的。

如果你要露肩膀，那就大大方方地露出来。

一般来说，无肩带防滑内衣是我们的首选，别以为就是把一般的胸衣带子拿掉就可以了，这种专门的无肩带内衣会自带防滑功能，避免出现脱落的尴尬。如果是胸部比较娇小的女性，裹胸也是很好的选择，而且性价比也比较高。

如果你需要搭配一件领口比较低，但是又不能显露内衣的衣服，那么 U 型内衣是不二选择了，托衬效果也很不错。

如果要穿露背装，最好选择乳贴或者无肩带聚拢式胸罩。这里需要提醒的是，大胸的女性，如果出汗较多或者佩戴时间较长，乳贴容易掉，为了避免出现这种尴尬，不妨使用防水创可贴，就是直接贴成十字架的那种，亲试过，相当好用。

第二，怎么露出我们的内衣

内衣并不是只能藏在我们的外衣底下永远不见天日，现在有很多内衣开始设计成可以外露的样式来，选择合适的外衣，再恰当地露出我们的内衣，会有一种别样的女人风情。但是，一定要知道，什么可以露，露多少，别一不小心把欲望都市给演成了乡村爱情。

一件好看的内衣是关键，怎样搭配，怎样露得不让人厌也是个学问。

夏季的衣服多半比较透明，这个时候并不需要特意再穿个小背心防止走光，那样看起来太过于厚重和土气。不如选择那种形状时髦花色大方的内衣，没钢圈，不裸露，再搭配简洁的裤子或裙装，时尚到极致。

平时休闲的露背装也可以露出好看的内衣。当然正式的露背礼服还是老老实实地穿无肩带内衣更合适。

另外，带印花的吊带比基尼搭配露肩装也会别有风味，大可尝试一下。

平时，准备几件花式漂亮的运动型内衣，穿背心或者T恤里面露出来，也非常的年轻活力，而且非常舒服。

一套漂亮而质地良好的内衣，可以非常完美地勾勒出女性迷人的身材，把内衣穿得性感优雅是需要下功夫的，你学会了吗？

第2章

妆 容

很多美好的故事始于容颜

永远不要小看一个妆容精致的女人，这种精致是讲究出来的优雅，是她们审美背后的行为风格与处世心态。透过完美妆容，看到的是女人接纳自己、忠于自己和坚持自己的生活态度。更重要的是，很多美好的故事始于容颜。

Class 1 自然美不如美得自然

变美之后，你再也不会愿意做那个没那么美的自己。

很多女性朋友都在为化妆这个话题纠结，网络教程层出不穷，而有的姐妹到处寻找学习却不得要领，有的干脆素面朝天。不管是哪种情况，这些姐妹对于化妆，心里都在不停地呐喊着两个字——苦恼，或者若无其事地说女人素颜才自然美。现在流行一句话：自然美不如美得自然。无论什么原因，追根究底就是因为她们对唯美妆容没有一个精准的定位。所以有些人要么浓妆艳抹，要么胡乱涂抹，要么干脆放弃。十几年的工作经历中，我见证了那些成天喊着"素颜是对美丽最大的自信""化妆会伤害皮肤""年轻不需要化妆"的人，其实是没体验到唯美妆容给自己带来的自信与生活中的美丽磁场。

美丽，从了解自己的五官开始。多年的学习和对于美丽的追求，让我明白了一个道理：一个女人的妆容与发型，都应该从了解自我的脸型和五官开始。

女人，你想拥有一款属于你自己的唯美妆容，就要为自己的美妆仔细研究你该有的每一笔色彩和妆容，发现你自己的五官美点并选择适合自己的产品与技巧。有人看到这就觉得麻烦了，事实上美妆其实不难，从清洁到护肤，从彩妆到发型……只需要一点一点了解而已。

我常说女人要化妆就如作画的一个过程，而不同皮肤就如不同的纸质。有人是宣纸，有人是素描纸，有人是水粉纸，有人是水彩纸。

这就和皮肤有中性皮肤、干性皮肤、混合性皮肤跟油性皮肤一样，你得了解你的皮肤及五官，明白你是什么纸，才能知道该用什么颜料。知道自己的肤质与五官才知道如何选择方法。

说到皮肤，很多姐妹都不知道自己到底属于什么性质的皮肤。这里教你一个很简单的测量方法：每天早上起来以后用手去摸自己的脸，手一定要洗干净。如果你感觉到非常光滑并无多油，那一定是干性皮肤；如果你感觉到非常油腻，那就是油性皮肤。但是有一部分人是中间"T"字部分特别油，然后两边又很干，这叫混合性皮肤（中性皮肤）。

女人是一幅画，五官就是画中的主要构造元素。有人的五官似青山，有人的五官如细水，有人的五官像苍柏翠柳……你有什么样的五官，就要画什么类型的画。

别忽略你的优点

然而很多姐妹根本不了解自己的皮肤是什么纸，也不对五官做功课。她们大画乱画，看什么教程就跟着怎么画，画到最后，一照镜子，把自己都吓了一跳。

所以，在下笔作画之前，我们要先拿镜子照自己的脸，开始在脸上找问题，这样一来，问题就出现了。有人说自己的脸太宽了，有人说自己皮肤太黄了，有人说自己脸上都是斑，有人说自己从头到尾没有一点好看的。

这重要么？重要，但也不重要。重要是因为你看到了自己的不足，不重要是我们可以用正确的方法来弥补这些不足。

好吧，我们再照一次镜子。这次千万不要看自己的缺点，要找到自己的优点，不跟别人比，只跟自己的五官比，你觉得哪个部位是你最美的位置，记住它，它是你画龙之后要点的睛！也是彩妆的重点投资定位。

有缺陷，自然就会有优点。因为上帝创造每个女人都是公平的，他总会让你得到的同时也会失去。女人之所以完美，不是因为她拥有完美的底子，而是她拥有完美地打扮自己的巧手与发现自己美的双眼，由心开始行动，让自己由外美到内，由内透到外地美。

对症下药，找到你的美丽公式，拿出一张纸，对着镜子看你的三庭五眼，在纸上面写下你的缺点。

五官分为三庭，中庭、上庭和下庭。眉中到发际线的位置叫上庭，鼻尖到眉中的位置叫中庭，鼻尖到下巴的位置叫下庭。

两眼中间为一眼，两个外眼角到发际边缘又是二眼，再加上你本身的两只眼睛，这就是"五眼"。

一般来讲，三庭五眼比例均衡的人就是标准的美女。但是这种女人世间少有，绝对均衡的是极少数，因此我们要学会通过正确的化妆调整我们的五官比例。

一般来讲，凡是两眼距离远的人鼻子都很塌，两眼间距近的人鼻子相对会挺一些，很多人为了眼睛更大一些都去割内眼角，真的有这个必要吗？如果用正确的化妆方法让她的鼻子挺翘起来，眼睛有神而更大一些，是不是也可以解决问题了呢，关键是你要会。

是记住你的缺陷，还是记住你的美点，给你一个专属于你的美丽公式。你可以通过粉底、遮瑕、提亮进行五官的微调。

美丽从了解自我的五官，正确的妆容技巧开始……

要承认当下的你最美

亚洲人最喜欢的两件事，一是如何让自己变白，二是如何让自己感觉像欧洲人一样拥有挺挺的鼻子。有的女人还想要大眼睛、深眼窝，恨不得把自己变成安吉丽娜·朱莉。

为什么会这样，因为大部分女人都有这样的心理：我没有什么，就想要什么。而忽略了你自我不可复制的美。

事实上很多欧洲人也不都是拥有白皮肤、挺鼻子、大眼睛和深眼窝。但很多外国人在找老婆的时候，都会找像我们中国人这样眼睛小、鼻子塌的，这是因为他们也想要他们没有的。

女人，你得知道你有别人无可复制的美，你得知道你如何能让自己变得更美丽。你要试着接受自己的美，更要让自己承认你当下的最美，然后通过些可扮美的妙招，我们才能过好每个当下的无憾人生，自然美不如美得自然，只要开始永远不晚。

Class 2 发型是女人的第二张脸

您的时尚与平凡只在于发型中的那股空气是否存在对了。

发型美了，一切都美了

说到发型中的空气，就不得不说脸型。我常说：时尚与平凡只在于发型中的那股空气是否存在对了。

女人，你一定要记住，我们要活在细节、美在细节，要时刻关注自己的发型。它将直观决定你的脸型与气场。

发型决定一个女性的气场，100% 美丽的发型不是电出来的，而是自己做造型做出来的。

这世界上任何一本杂志，任何一个画面上的人发型好看，都不是因为发型帅电出来的。而是通过电发、剪发、烫发、染发，这些步骤结束以后，你或许会暂时拥有一个完美的发型，但能否让发型一直美下去，并且因场合而变。关键是你自己要学会打理。

发型是上帝给我们最好的礼物，你们千万不要觉得那简简单单的一头毛发没什么作用。如果能打理好它，它会让我们方而厉的脸看起来很圆润，短脸看起来会显长，长脸看起来会稍短且柔和，不同的脸型有不同的你。

说起来容易，但真的做起来呢？其实也很容易，只要找对那股应该属于你的空气。找对了，你会更美。你美了，一切就都美了。我们开始寻找属于自己的发型中的那股空气吧。

找到你发型中的那股空气

人就是几何图形组成的，想做对发型、找对空气，我们得先知道自己是什么脸型。国字脸、苹果脸、圆脸、瓜子脸、鹅蛋脸……我问过很多人，她们对自己的脸型有很多种形容，再多的形容在这里都是大道至简。

事实上，人的脸型可以概括为四个字，这四个字就是：长、短、宽、窄。

　　装扮不是凭感觉的，而是有科学技巧的，这个技巧是由谁来引导呢，还是我们自己。这么多年来，我总会尝试着把一些别人喋喋不休的"高深理论"缩减成通俗易懂、更有实际意义的话。对于脸型中的空气，我分享给姐妹们一句话：缺在哪里，就要补在哪里。

　　短脸的人，恐惧的是更短。脸短的人缺的是长，那我们就把头发收起来，再用空气加高头顶发量，让它"站"起来，再把额头露出来，是不是就显得长了呢？所以我们讲，短脸一定要在头顶制造空气感。

　　长脸的人呢？我们用刘海来缩短脸部视觉效果，最好在脸袋两侧头发多加空气，头顶禁加高，这样整个人也会显得甜美、个性、时尚很多。

　　宽脸的姐妹最适合留中分，再把两边头发稍稍挂起，这样就在面部形成了一条隔离的视觉效应，就不会显得那么宽了。禁忌两侧电卷发。

　　而窄脸的人呢？千万不要把目标放在如何分头发上，也不要让空气走到头顶，更不要依靠刘海，那样只会放大你窄脸的缺陷。我给你的建议是一定要让窄脸的两边有空气感，让两侧的头发蓬起来，这样会不会圆润很多。

　　上天就是这样子的，给你一些，一定拿走你一些。缺陷是每个人都存在的，所以我们要通过自己智慧的双手来打造，弥补缺陷。找到属于你的空气，空气感在哪里，哪里就显得有饱满度。

正确扎马尾为你减龄

　　你们知道马尾的正确扎法可以调整脸型的同时还可以减龄吗？高马尾适合短脸型，中马尾适合长脸型，低马尾适合年轻及特殊发型。

　　长脸型的人，马尾是不能扎高的，因为那样会显得脸更长，当然也不能扎得太低，道理同上，我们不妨把马尾往中间放一放，再把两边加宽一些，这样会显得脸型更圆。

短脸型的人，禁忌中规中矩地扎中马尾，会显得脸更短，有一种被分割的感觉。我们可以把马尾往上提一提，这样会看起来更有精神。

35 岁以上的姐妹，因为年龄的关系，皮肤已经开始有松弛的迹象。所以可以适当地把头发扎高，这样会将脸部肌肉向上提拉、收紧，可以提升面部轮廓，起到精神饱满及年轻的状态。

正确的马尾扎起来吧，与其说马尾不如说发型关键定位，因为盘发时有的参考。

吹出时尚空气感

任何造型之前，一款体现时尚度或者调整脸型的发型，都要从正确的洗护吹开始。

如果希望发型更时尚，一定要吹出适合自己的空气感。首先记住护发素离头皮两寸，洗后用毛巾擦干，吹的时候用中风或者专业的护发吹风机将头发吹干带点潮。记得开始之前说的哪里缺补哪里。如果头发太贴服会缺乏时尚度。可以反方向 90 度吹发根，也可以将头低下往下吹。

这种方法特别适合脑门尖，头发太贴头皮的女性朋友。脑门太大的不建议采纳，还有选对工具可以让我们轻松拥有时尚造型。如日本的梳子吹风机。大家一定要切记造型要热风定型，要冷风热风交替吹造型，即可轻松拥有自然的时尚造型。更多希望实习操各种发型，可以关注我们的美丽订阅，让自己动手学习，我的脑海里有3000 多款发型，时时要考虑是否要出本发型让你的精致人生多一份气场的书籍了。

Class 3 底妆小白必须掌握的几个关键词

用对技巧，即用正确的步骤、合理的技巧、精致的工具来打造一个属于自己的完美底妆。

有底妆，为什么要整形?

爱美之心，人皆有之，更有一些极力追求完美的人。

很多姐妹觉得自己不够完美，就要追求完美，塌鼻梁，红面丝，雀斑，松弛的面部轮廓……这些问题都是影响姐妹们完美的阻碍，有些人就想通过整形，彻底和瑕疵说再见。但是身体发肤，受之父母，躺在手术台上当小白鼠也只是脑海里的计划，纠结了很久也不知该如何抉择。多少勇气可以去挑战，也许研究一下透气的底妆可以解决以上苦恼。

曾有一个美国女子上传的视频，在网络上风靡一时，这位女子在交友网站上晒出自己的美妆照，引得无数男性示爱和追求，然而当她把自己的素颜照再曝上网以后，惹来的却是……因为化妆后的她和素颜的她，简直是天壤之别。

很多人看了这段视频之后就会讶异：化妆术竟然这么神奇，竟然能如鬼斧神工一般，把一个满脸痘痘的女子变成肤白貌美、毫无瑕疵的女神。其实这没什么好惊讶的，化妆术确实这么厉害。

除了这段视频，网上还有很多美女的素颜和妆后对比照，这些视频和照片都能验证化妆术的强大。

完美底妆相当于微整形，女性朋友们都希望自己拥有一张天使般的面孔，零毛孔的肌底肌肤，而这个就离不开我们正确打造完美妆容的三要素：了解面部——选对产品——用对技巧。

完美底妆从了解自己适合自己开始，顾名思义，就是认知自己的五官优缺点和面部轮廓特点、肤质、肤色以及社会角色。

选对产品，就是在了解自己面部的基础上针对选择能凸显五官优点、弥补脸型缺点，并能让肌肤健康细腻有光泽的产品。

用对技巧，即用正确的步骤、合理的技巧、精致的工具来打造一个属于自己的完美底妆。

底妆成就唯美妆容

很多人只顾着一心学习化妆技巧，觉得有了技巧就可以化出完美的妆容，学到了技巧就给自己化妆，但是化完却没有达到想要的效果，反而像夜店妆、搞笑妆。化失败了自己看看还好，如果被朋友或老公看到了，笑你几句，可能就再也没有勇气化妆了。

这是因为很多人在学习化妆技巧的时候会忽略掉一件最根本的事：找到属于自己的唯美妆容。大家每次看到广告片里的女明星会觉得她很美，妆容又很清爽，好像也没有化太浓的妆，最让人嫉妒的是她们的皮肤看起来还特别好，自己给自己化妆，却怎么也化不出那种效果来。

但是不要泄气，因为那些只是假象，那样完美的肌肤效果也包含了灯光以及后期制作的功劳。所有人都有毛孔，都会出现毛孔增大等问题，但是我们可以通过底妆来掩盖这种问题。

有很多人并没有意识到化妆术的神奇能力，主要是因为对底妆的认识不足，接下来，我就讲一下化出完美底妆的步骤。

根据肤质选择合适的粉底

粉底是完美底妆必备单品，不同的肤质不同的粉底质地，在上妆之前，首先要学会选择适合自己的粉底。大多数人完全听从朋友和广告的建议。

而在这里，我们要开启肤质与粉底质地对抗的游戏。

霜状偏油可以滋养皮肤，适合干性和特干性皮肤，但是上妆感厚重及油腻，夏天出汗后就容易脱妆，所以霜状粉底更适宜在冬季使用。

液体粉底质地柔和，可以遮瑕，上妆后又有足够的通透感，一年四季都适用，而且几乎适合所有人。而且液体粉底有很多不同的功效，如抗衰老、美白、抗过敏等等，我们选购液体粉底，就有更多的选择。液体粉底自然不持久含定妆粉。

膏状粉底适用于舞台和严重遮瑕者，但缺点是上妆效果太厚重，不适宜生活和唯美的妆容。但是膏状可以作为遮瑕。

啫喱类细腻白皙的粉底具有细腻和适宜均匀肤色的妆容效果。但是这种粉底不适合所有人，更适合皮肤白皙，瑕疵和毛孔不明显的年轻人。因为这种皮肤不好上彩妆，所以就适合用啫喱粉底，只是为起到均匀肤色的效果。

具有紧致和抗衰作用的粉底，适用于有皱纹的肌肤，这种类型的粉底除了遮瑕效果以外，还有光泽感，湿润且不厚重，也能在一定程度上改变肌肤衰老的程度，给肌肤以一定的滋养和保护。

皱纹处涂抹粉底时，偶尔会遇到卡粉的情况，这时就要选用带有珠光感的粉质。

你的肤色决定选择的粉底色

绿色粉底可令肤色看起来白皙透明，适合肤色偏黑或泛红者。在原有的粉底中，加入一点点绿色粉底，涂在鼻翼两侧最明显的发红区，肌肤就能显得光滑、白嫩、自然，同时还可修饰面部泛红的部位。如果你的脸部皮肤容易过敏，有红斑，可轻柔地刷上 点绿色蜜粉，也能呈现出立体的明亮感，斑痕也不再明显。

黄色粉底可以缩小上妆前后的对比偏差，适合肤色较深的亚洲人或古铜肤色者，与东方人本身偏黄的肤色相近，所以整体面部都可以使用，可让肤质显得细致、自然，且不会有卸妆前后判若两人的感觉。

紫色粉底可以有效修饰暗沉、无光泽肤质和偏黄肤质。适合偏黄肤色或暗沉肤色的整个面部，使用后会让脸庞自然散发出红润的光泽，在眼妆中可以着重使用，具有有效修饰黑眼圈及眼皮浮肿现象的作用。

白色粉底具有扩张、加大的效果，因此利用白色粉底或蜜粉可以修饰脸庞过瘦的脸形，适合各种肤色，涂在太阳穴、眼下、T字部位等，可以让脸庞看起来更丰腴立体、凸显五官。

遮瑕的正确方式

遮瑕产品一般分为遮瑕笔或遮瑕膏，可有效修饰并掩盖黑眼圈、色斑和色素沉积。

修饰大面积的色斑、胎记或严重的黑眼圈，要在涂抹粉底之前用遮瑕膏；而一些痘痘、小斑点等细微的地方可以在涂抹粉底后使用。

使用遮瑕产品时，应注意颜色要与皮肤或粉底的颜色接近。有时可用固体粉底代替遮瑕产品使用。

高光笔的妙用

高光笔也属于粉底打底类型当中的一种，有些人具有这样的面部问题：如脸型较大较宽，鼻梁过矮，眼袋泪沟明显，法令纹明显等等，这些问题就可以用一支高光笔来解决。高光可以有效掩盖法令纹和眼袋，也可以利用明暗原理填充你的太阳穴，显得面部圆滑饱满；在鼻子和下巴等部位使用高光笔，可以增加立体效果。

定妆粉

有很多人都不注意定妆，化完妆当时确实是美美的，但是出门工作几小时，再照镜子，就会发现脸上早已脱妆和晕妆，那时再补妆，效果就没有出门刚化完那样完美。

是否定妆决定了妆容的有效时长，也决定你今天需要带多少化妆品出门，所以千万不要忽略定妆这一步，所有的遮瑕和高光等底妆都要在定妆之前进行，化完底妆就扑上定妆粉，能够有效延长妆容寿命。

平时的生活妆，定妆产品可以根据心情和想要的妆容来使用，但是职业妆里，有一点需要注意：不要用过亮和带珠光的，应该尽量用透明的定妆粉。透明定妆粉具有普通定妆粉 20 倍的细腻度，有让皮肤看起来细腻通透的定妆效果，面部不会泛油光，适合大部分人使用，但如果皮肤较黑，就应该用正常肤色的定妆粉。

粉底妆的分类

完美法。眼袋是实现完美妆容的一个障碍，想隐去眼袋又使粉底看起来不厚重，不能用浅色粉底涂抹整个眼袋，而是在整个面部完成粉底涂抹后，先用比肤色略亮，属于偏暖色调的固体粉底或遮瑕产品，仔细涂抹在最深的凹陷处并向周围自然过渡，然后再上一层浅色的透明散粉，才能打造出透明的皮肤效果并遮盖住眼袋和黑眼圈。

新潮法。现在最先进的粉底技法是利用喷枪或喷笔涂抹粉底，有些品牌已经生产了用类似发胶包装的压力罐喷雾粉底。电动喷枪马力大喷射力度强，配合水溶粉底可以让肌肤展现出光滑平整的效果，宛如橱窗里的塑胶模特。

粉底小建议

粉底人人都会用，但是总有一些你不知道的妙方和误区，我就给大家讲一些在我化妆的过程中，合理运用粉底的小方法。

一是部分使用。如果脸上没有太多瑕疵需要遮盖的话，只需用稍白的粉底涂在 T 区和眼睛下即可，并和其他部分自然衔接，这是在夏季使用粉底的关键。

二是接近肤色。越接近肤色、越低调的粉底色彩，越容易体现自然和透明感。皮肤白的人可以涂更白的粉底。但是皮肤黑的人就不要追求过分美白，只要让自己的肤质看起来有光泽感就可以。考虑到接近肤色，脖子也要涂抹粉底，特别是皮肤较黑的人，面部的妆容和脖子的颜色要衔接好，不然会上下脱节。

三是利用手指。使用手指来涂抹粉底是最方便的方法，因为指腹的温度可以使粉底与皮肤更好地亲和。

四是一次即可。使用粉底时，尽量不要用同一种粉底重复几次使用，特别是膏状粉底，它的油分会让皮肤产生异样感，并减少妆容的透明感。

五是海绵帮忙。如果粉底抹得太厚，可以用湿海绵片轻轻地在脸上再按抹一遍，湿海绵很容易带走浮在脸上的粉底，使妆容变得清新自然。

六是黑白适度。使用粉底可以快捷简单地美白肌肤或变成古铜色美人，不过都要本着适度原则，多尝试不同产品和颜色的配合效果，才能美得迅速又自然。

七是明暗错位原理。在讲粉底的明暗错位使用方法之前，要先引入粉底号的概念。

有些人化妆时只用一种粉底，忽略了同时运用不同颜色粉底的修容效果。譬如说日本 RMK 201 号的粉底，是最白的，202 号稍微黄一点点，203 号稍暗，204 号更暗……虽然不同品牌的同一色号有细微差别，但是选取规律是一致的。

宽脸型需要的修容方法，就要用明暗错位原理，分开使用两种相差至少 2 个色号以上的粉底。脸越宽，色号就要相差越多。

暗色有收缩效果，用在宽形脸颊的靠后处，而窄脸型的人就可以全部用亮色粉底，亮色有膨胀效果，不会显得脸过分细长。

使用不同颜色粉底，最好多准备几支刷子，不同的刷子分别蘸取不同的粉底。

底妆与发型的关系

发型包括头发的长度、颜色和形状。一个完美的妆容不仅仅是底妆和彩妆，跟发型也有直接的关系。

如果头发是黑、棕、深灰等接近黑色等色系，最好搭配底妆，只要底妆和肤色相接近，都可以驾驭，但是如果发色是鲜明跳脱的色彩，底妆就要稍微白亮一些，这也是皮肤黑的人不适宜染鲜艳发色的原因。

发型可以充分表现一个人的气质，长长的大波浪卷发，代表性感时尚；黑长直，代表清新脱俗，淡雅可人；中短发，则凸显爽快干练的气质。除了头发自身的基本因素，也可能因为今天所做的不同发型，拥有不同的气质，那这一天的妆容就要和发型相搭配。

清新淡雅的黑长直，就不要用过白的底妆，会让人不舒服；想用短发体现干练，就应该妙用高光和不同粉底的明暗原理，突出自己的轮廓立体感。

化妆前，想想你今天给自己设计的气质定位，再决定今天给自己上一个什么样的底妆。

Class 4 就算你不化妆，也不能不画眉

那些惊艳了时光的眉眼，一直留存在我们心里。

眉妆的意义

眉妆可以说是在眼睛之上的点睛之笔，不同的眉妆，给人的第一印象不同，那些惊艳了时光的眉眼，一直留存在我们心里。我们画眉时不能直接根据原有的眉形淡淡一描，所以在眉形上大有文章可做。

如果要画年轻女孩的甜美妆容，画眉就要记住三点：平，直，淡。

年龄决定了眉毛量的浓密或稀疏，而在职业妆中眉妆的浓密粗细，则由你的职位高低决定。切记职场妆需要强调的是干练的力度，而不是甜美。职场中的女性，作为一个白领、高管，代表的是成熟、有担当的形象，要用眉形烘托出干练，能予人安全感。现在很流行粗淡的眉毛，但不能是平眉，要尝试向上微挑的眉妆，眉妆越细越高挑，就越能凸显严厉的神韵，细到极致，甚至会显得尖酸刻薄。所以职场妆里的眉毛就要略微高挑起来，而不是过分地凸显细眉。尽量贴近当下眉形的流行趋势而略加调整。

眉妆技巧

找到适合自己的眉形，接下来就要学会如何画眉，知道了画眉的标准和原理，眉妆其实很简单。

画眉要记住几要素：

1. 眉头最宽最圆最淡，略低于眉尾

眉尾比眉头高，即向上轻挑，因为眉毛和眼睛其实是一体的，五官有黄金分割点，如果额头过长，就可以用提高眉毛的高度来调整五官比例，接近黄金分割点，眉毛高度这一条分割线，影响了额头和眼鼻距的比例，所以眉尾也不能过高，不然会显得眉眼间距过大，过分高挑和过分尖细的眉尾更会显得人尖酸刻薄。

2. 眉峰下面的颜色比眉峰上面的颜色深

和遮瑕与粉底修容的原理相同，眉峰下面的颜色深，有视觉收缩效果，眉峰上面的颜色浅，有视觉膨胀效果，有些人的眉骨很平，一条平面的眉毛，就可以用这两种视觉冲突体现出立体感。

3. 切忌线条生硬

杂志妆和新娘妆等，妆容太浓，而日常妆容，切记不要化浓妆，生活妆应该亲近自然，眉妆也是同理，通过眉妆体现亲近自然的办法，除了不要画过分的浓眉，还要切忌线条明显。

眉毛和女人身材的线条一样，要圆滑顺畅，不能有棱有角线条生硬，虚化眉妆边缘的线条，可以稍微模糊一点，更能烘托出女人捉摸不定的神秘气质。

4. 可以用亚光眉粉画眉

用亚光眉粉的原理与选用大地色系和不带珠光效果的眼影原理相通，不要化可能产生肿胀效果的妆，而且亚光眉粉也更符合生活妆要求的亲近自然的气质。

Class 5 腮红，画出青春好气色

腮红不仅仅要达到白里透红的效果，了解了脸型、腮红的打法可以起到调整脸型的效果。

根据脸型画腮红

化妆不能乱化，腮红不能乱打，我在这里分享给姐妹们一些根据不同脸型打不同腮红的小技巧。

腮红不仅仅要达到白里透红的效果，了解了脸型、腮红的打法可以起到调整脸型的效果。

先了解脸部轮廓，你属于方形脸还是圆形脸？你属于短脸还是长脸？短脸腮红需要斜长打法；长脸可以扇形打法；方脸型可以线圆式打法；圆形脸就要直线式打法。只要记住范围不要低于嘴角延长线高于眼窝笑肌的最高点下笔，按照自己的脸部轮廓开始行动吧！

腮红的定妆

画好腮红并及时定妆，会让你整天红润有气色，就像我每天化完妆出门，从来都不带化妆包，最多带一支口红，原因就是我会注意正确定妆能使妆容更持久。

化完底妆之后，腮红直接打在底妆上，会渗透进妆容，再用定妆粉，腮红会保持一整天，并且腮红过红也不用担心。

定妆粉隐约盖住腮红，就起到白里透红的效果。

腮红的颜色

腮红和口红有一个相同点，选颜色很重要，腮红和口红都有琳琅满目的颜色，自然要针对我们自身情况来挑选腮红。

皮肤较白的人适合用粉色系的，会显得很健康；而肤色较黑较

黄的人，腮红就忌用粉红和玫红，涂了这种颜色的腮红，就像是经历了长期暴晒一样不美观，可以选用橙色系的腮红。

挑选腮红时可以在手部和面部多抹几层来试妆，劣质的腮红，腮红颜色越来越浓，质量好的腮红，抹多少层，饱和度和色彩都不会改变，会显得自然。

腮红的画法

用腮红刷蘸取适量腮红后，首先要找到画腮红的起点。微笑时，从苹果肌下大概距鼻翼为两个小指头的距离，以这里为中心开始画。短脸型要斜扫，长脸型要扇形扫，同时也要根据自己的脸部肌肉线条的走向来画，如果肌肉紧致，可以用中规中矩的扇形画法，如果肌肉已经松弛下垂，腮红的中心就要提高，千万不要顺着肌肉下垂的纹路画，会显得脸颊的整体肌肉都松弛下垂。

Class 6 一大波眼妆干货来袭

意志决定眼妆的持久，美丽的眼妆你说了算。

眼影到底要不要

首先我要分享给姐妹们一个心得：职业女性不适合浓妆艳抹的眼影妆，除非你是专业卖眼影的。

某些化妆品导购员，她们走在马路上，一眼就能知道她们是卖眼影的。如果某个品牌这个季度出现了新的产品，不管适合不适合，导购小姐都会抹上去，她们是宣传眼影的。

我们不是卖眼影的，能不画眼影，尽量不要画，因为亚洲人和欧洲人的美不一样。大部分欧洲人都很适合画眼影，因为欧洲人的眼部轮廓和亚洲人的构造不同，欧洲人眼窝深，眼皮很薄，所以画眼影可以让眼睛更加立体。

人们对亚洲美女的称赞，大多会用"清新""自然"这样的词汇，只有在形容欧洲人的时候会常用"神秘"和"性感"。

裸妆盛行的时代还是建议大家，能不画眼影就不要画，不画眼影反而干净更能体现出唯美妆容。

我并不反对大家画眼影，我们应该先了解自己需不需要画眼影。如果你一定要选择画眼影的话，在画眼影之前，你首先要区分自己是薄眼皮还是浮肿的眼皮，如果是浮肿的眼皮，就尽量不要画眼影。大部分黄皮肤的亚洲女性适合画大地色系的眼影。眼皮的浮肿度决定了眼影的选择范围，如果眼皮浮肿就一定不能抹珠光，珠光的眼影会让眼皮在灯光下显得格外肿胀，看你的眼睛，以为你昨晚睡前喝了一升水。如果你是薄眼皮，就可以随便抹珠光了，但用色建议保险一些使用大地色系的眼影，如果皮肤白皙也可以选择与服饰颜色邻近的眼影色彩。

正确的眼影画法

包括学过化妆的姐妹，我觉得很多人都不会画眼影。大部分人在画眼影的时候，都会一个颜色画到底，有人可能不会在双眼皮的部分画眼影，有的则只在双眼皮部分稍微画上一点，正确眼影画法目的要明确，让眼睛看起来有神，色彩与当下的服饰与场合吻合。

完美的眼影妆应该是放射状、橄榄形的，一定要从睫毛的根部向外放射。我分享给大家的画法是由大范围到小面积，由淡到浓，由浅到深。我们在广告上看到的一些眼影，又有神韵又有层次感，就是这样画出来的。没有特殊的需求建议大家尽量不要夸张，仅在睫毛的根部眼线上方略微扫点大地色即可。

丢掉美瞳，从今天起画美瞳线吧

画美瞳线的目的，是让你的眼睛看起来更有神，让睫毛看起来更浓密，无论你是什么眼形，都要会学画美瞳线。正确的美瞳线能让你的眼睛会说话，也让你的双眼更会放电。

我们平时可以不画眼影，也可以不刷睫毛，但美瞳线我们一定要画。有人称赞我的眼睛"水汪汪的"，这都是美瞳线的功劳。美瞳线就是内眼线，是在睫毛根部的内侧部位的眼线。

很多年前，我曾戴过美瞳，因为那个时候我还不知道有美瞳线。我只是觉得我戴着美瞳，会显得眼睛大大的。我老公却说，本来我的眼睛也不小，戴个美瞳反倒吓人，倒个如摘了。我觉得好看，所以就没听他的建议。

但是因为我时常坐飞机，戴着美瞳坐飞机，我的视力开始下降，所以我不敢再戴了。后来，我听很多人说过，也在网上、报纸上看过，美瞳确实对眼睛有伤害，对不同的人伤害程度不同，总之就是有害有利。这所谓的"利"，只是让眼睛更美。

这里我可以告诉大家，画美瞳线就可以达到这个效果，让眼睛看起来更有神，更水汪汪。

美瞳线画法

我很庆幸我能从事这个行业，我能通过亲身实践从而发现专业问题，也能在第一时间从大家那里接收到类似的问题，更能第一时间把我所有对于美丽的心得体会分享给大家。首先选择防水眼线膏加眼线刷，新手要有棉签，还要备可调节的化妆镜。

平时我在家中画美瞳线的时候，会将镜子和面部成45°角摆放，镜子在下，眼睛在上。要画的时候眼睛向下朝镜子看，另一只眼睛看镜子，这样就很方便操作画美瞳线了。

如果画美瞳线的时候流眼泪，可以将棉签放在内眼角上闭上眼，但千万不要挪动棉签，因为容易脱妆，不动它会自动吸干眼泪。在刚学画美瞳线的时候，很多人的眼睛会不习惯，如果学会控制眨眼防止眼线晕妆，时间长了，也就习惯了。过程虽然麻烦一些，但是一切都是为了美，这很值得哦！

眼线画久了，是不是会发现眼线膏很容易干？不易蘸取也不易画，特别是画眼线的过程比较长，不盖盖子，眼线膏里的有机溶剂会渐渐蒸发掉。觉得眼线膏有些干硬的时候，加水是不行的，因为眼线膏里的固体物质只溶于有机溶剂，再买一盒新的又太浪费。这时候就可以用卸妆油补充眼线膏里的有机溶剂。把卸妆油滴到眼线膏里面，均匀地溶解，下次用的时候就特别流畅。选对眼线刷也很重要，美瞳线就是睫毛根部的眼白部分利用刷子填实，美瞳线会让眼睛看起来很有神，睫毛也会更浓密。

脸部要定妆，眼线也要定妆

当美瞳线画完了，根据眼形的需求会适当地画一点外眼线。此时在外眼线上用哑光哑色眉粉定妆，往眼线周边适当晕开，即可达到眼部持久不晕妆的效果。

眼线的定妆，不仅仅是由眉粉的定妆效果时长来决定的，我们的行为习惯也会决定眼妆的有效时长。有些人画完眼线，会不自觉地揉眼睛，或者有大幅度的闭眼动作，这都可能导致晕妆。

如果是因为眼睛痒，或者进了灰尘而要揉眼睛，那一定要照镜子，小心处理，不能乱揉一气。如果只是下意识地要揉眼睛，那是因为你潜意识里告诉自己想揉，但是你也可以用潜意识告诫自己，我今天的妆容很美，这样美的妆容，我是不应该也不舍得去破坏的，当你经历过几次自我告诫之后，以后就很难再忍不住想要揉眼睛了。意志决定眼妆的持久，美丽的眼妆你说了算。

选对睫毛膏，保证睫毛卷翘不耷拉一整天职业妆。画睫毛最需要注重的不是浓密而是卷翘。不是苍蝇腿般的浓密，而是根根分明的卷翘，千万不要和广告里的睫毛一样过分浓密。

根根分明，体现了职业女性的干练整洁，而卷翘加浓密则体现我们身为女性的性感和妩媚，场合不同就要注意。

维持睫毛卷翘一整天的秘诀很简单，在掌握正确方法的同时，选对产品与工具也很重要。我用过国内外几十种品牌和种类的睫毛膏，最后得出的经验是：最贵的，不一定是最好的。

很多睫毛膏的成分不一样，这是我后来发现的，这里的成分，指的不是化学成分，而是溶剂和溶质浓度不同。有些睫毛膏溶质浓度低，溶剂太多，就会有种水水的感觉，这种睫毛膏刷在睫毛上，因为水分太重，睫毛会被压沉，自然就不会往上卷翘。所以睫毛膏一定要找不要含水分太多的，而是先找有定型效果的，像日本的RMK双头睫毛膏，恋爱魔镜的睫毛膏等。

你也可以根据这个方法多试一些睫毛膏产品，好的产品一定会达到一整天都是C形。

美睫三步曲之睫毛夹正确选择

不要小瞧一个看上去简单的睫毛夹，选用睫毛夹，也是有规则可循的。从产品到方法你要是都对了，你就会是电眼美女了哦。

选择睫毛夹的时候由于欧洲人的眼窝特别深，所以欧洲人的睫毛夹和亚洲人的睫毛夹，产品设计是不一样，欧洲产的睫毛夹是根据欧洲人的眼窝设计的，除非你是欧式眼，不然一定要用亚洲产的睫毛夹。即使是同一品牌，也要选择亚洲专柜的。

这里提醒大家一下要选择导热快的铁质或钢质睫毛夹，如日本 RMK，植村秀等。

选对产品就开始学习技巧啦，在夹睫毛之前，用打火机均匀烧热前端铁头部位，记住打开不要烧到那块皮垫，烧后用一张纸巾包裹，擦拭，不仅可以擦掉脏东西，还可以透过纸巾，用手感知温度，感知到温而不烫即可。

从睫毛前端往根部分三段夹，由外到里夹好，在睫毛 1/3 处轻轻夹，在 1/2 处稍微用力夹，在睫毛根部就要夹住停留一会儿，然后立刻刷上定型的睫毛膏。力度由轻到重，可以完美呈现自然卷翘的 C 形。

如果出差坐飞机没有打火机了，我还可以教大家一个我自己发现的小窍门，用吹风机的热吹风吹睫毛夹的前端，也可以达到同样的效果。火柴也可以，生活妙招此书通处可见。

建议不用价格便宜的睫毛夹，它容易损坏睫毛，用这样的睫毛夹，不仅睫毛夹不整齐，不够卷翘，长期使用还会损坏睫毛。

虽然品牌睫毛夹价格会比普通的高出十几倍，但是持久的使用以及对睫毛的无损，性价比会更高一些。我们可以选择好一点的品牌，因为我们的美可是无价的。睫毛夹建议用日本或韩国产的，因为适合亚洲人。

睫毛夹的故事

其实烫睫毛的方法不是跟老师学习的，来源于我在香港 SPA 馆里的一段经历。

我最讨厌女人吸烟，当时就看到一位女士点燃打火机，我立刻避开三尺远。我以为她要吸烟，还提醒她这里是禁烟区，结果是我向她表示很抱歉，因为这位女士不是要吸烟。她笑着拿出一个睫毛夹开始烧铁头，然后我们就成了朋友，从她的语气和烧睫毛夹的行为上，我发现她很讲究。

她告诉我，烫烧后的睫毛夹能够烫睫毛。于是我就学了这一招，但是有时候我坐飞机不让带打火机，我平时喜欢自己搞些小发明，就突然想到一招，我用吹风机的热风吹睫毛夹，也达到同样效果了。（提醒大家一定将睫毛夹打开，加热前端铁质部分）。

我北京的学生就说：老师你就是神笔马良。她们之所以这样讲，是因为我总能在没有办法的时候，一定要想出正确的办法才肯罢休。就像这个睫毛夹，虽然只是一招很小的技巧，但是对于美的追求我早已根深蒂固，深入了我的骨髓甚至灵魂。

化妆其实有很多看似不起眼的小技巧，但是却能帮上大忙。

睫毛夹的故事，只是列举了我的一点小小心得，希望大家也能学会并寻找适合自己的小窍门。

下眼线到底要不要

女人天生爱化妆，但不代表女人天生会化妆。很多女人在化妆的时候会自动忽略掉下眼线，因为她们觉得在日常唯美妆容中下眼线画完了会让自己五官整体下挂，显年龄量感。但如果反过来思考，下眼线如果能让五官位置发生视觉上的"位移"，我们为什么不能加以善用，让五官比例更加协调呢？

画下眼线的前提是眼睛上半部分的妆相对要浓一些，上下要协调，形成视觉上的层次。这样一来，上眼皮的妆从上扩张眼睛，下眼线从下扩张眼睛，就不会显得眼睛下挂，也会让眼睛变得更大，更有神韵。

这里强调一下，外眼角下垂的人或者仅是要求裸妆的人还是不要画下眼线，至少不能大面积画下眼线。

这里我不得不说一下烟熏妆，时下很多年轻女孩喜欢化烟熏妆，觉得那是时尚和个性的表现，但需要知道的是，烟熏妆并不适合在白天出现，更不要在职业妆中出现。烟熏妆只适合晚上某些较个性的场合。

Class 7 点染朱唇，一秒变性感

合适的口红能让美唇锦上添花。

唇形、肤色决定唇膏

想要性感的唇，我们首先要明白自己有什么样的唇。用在唇膏上的钱，不是由我们的钱包决定的，而是由唇形决定。口红的颜色有千千万，选颜色的时候，我们不一定要运用冷暖色彩学，我们可以先到专柜，凭自己的感觉去试口红。

如果你的唇形特别性感漂亮，你就应该在口红上重点投资，让自己的优点更加突出。你可以根据当下的流行，用复古的大红、酒红，各种各样浓郁的颜色都可以，因为你就是要突出你唇的性感。

如果你的唇形和牙形都不太美，那就要买跟你唇色相近，带有润唇功效的口红。稍微带点颜色的口红就可以，因为你不需要过多地在口红方面去投资，你应该发现五官中其他更美更适合投资的地方。

如果你的唇形很漂亮，不要自然地认为你可以驾驭任何颜色的口红，你应该挑选最适合自己的颜色来突出唇形的美。即在投资口红的时候，也要根据你的肤色来挑选。一般化了妆才会涂口红，所以你应该化完妆再去专柜挑选口红。

当某个颜色能让你妆后的肤色锦上添花，那么这个口红就是适合你的颜色；相反，如果某种颜色让你的皮肤显得苍白或焦黄，那它就不是适合你的颜色。

唇膏的颜色要看衣服的颜色

挑选口红的时候，不仅要搭配你的肤色和唇形，还要搭配你的服装颜色。千万不要用你当时穿的衣服来判定用什么口红，你需要在脑海里回忆一下，你最近的衣服是什么色系的。

如果清浅色比较多，就可以选清浅的口红，这样会在整体上给

人一种清新、自然、淡雅的感觉。但如果你最近穿着浓郁的颜色比较多，那就可以用比较夸张、颜色较深、较浓郁的口红颜色。如果你最近的穿着颜色很夸张，那么口红中夸张的红会让你更加个性和跳脱，也能凸显你美丽的唇形。

唇刷 + 唇膏 = 完美

画唇妆的时候，我建议姐妹们使用唇刷，而不是用口红直接涂抹。

我问过很多身边的朋友，有些人直接用天生的唇形来做口红的画布。这样的结果就是口红颜色较硬，而且没有角度。但如果我们用唇刷的话，刷子可以让颜色更有层次，画出来的嘴唇也更有角度。而且可以几支口红色彩用唇刷进行调配，时尚度更强。

传统的唇线笔虽然能勾勒出唇形，但线条太硬。我们要学会用唇刷代替唇线笔，用刷子侧边缘直接勾勒出唇形的边缘，这样一来就能把我们原有的唇形轮廓更自然地勾勒出来——更自然的美与性感。

微调好过漂唇

常用口红的女人都已经知道自己的唇形很漂亮了，用口红是凸显出自己美唇的手段；但还有一种情况，有些人唇形很漂亮，但是唇色不好看，这时候就更需要口红的颜色来修饰唇色。

这两种情况的原因不同，但是目的相同，合适的口红能让美唇锦上添花。

但如果唇形和唇色都不好看，又该怎么办？有些姐妹发现了另一种她们自认为超越了传统化妆的高科技，那就是微整形，比如漂唇。

现在的微整形技术已经相当发达，漂唇时，医生会向唇中注入玻尿酸等化学成分。手术恢复后，嘴唇会变得非常性感，就像嘟嘟唇一样。但是我建议大部分人，如果你的嘴唇没有严重干裂、唇色极差的情况尽量不要做这样的手术。

不做手术，唇形又不美，我们总不能就让它那样难看着。不要苦恼，我们可以考虑选择工具与产品以方法微调。前面已经说了，适合肤色的、符合自己的五官特点、与服装颜色搭配的口红加上每晚的润唇妙招可以让你的唇更加饱满与性感，拥有专属于你的美唇，真的没那么难。

蜂蜜护唇法

人体是一个永动机，身体上的每一块肌肉，每一分每一秒都在进行着自我代谢，嘴唇也不例外。随着年龄的增长，岁月会让我们逐渐苍老，皮肤代谢速度逐渐加快，更新速度反而降低，于是便出现了角质层。

我建议大家在睡一个安稳的美容觉之前，在唇上涂抹一些蜂蜜。蜂蜜的甜馨味道不仅有助于睡眠，还会在夜间护理唇部。第二天清晨，当我们起床洁面的时候，把蜂蜜一起洗去，同时还可以洗掉唇上的老化角质层。

蜂蜜护唇法不仅对于女人有用，对于男人同样有效。所以，姐妹们，家里常备一罐蜂蜜吧。甜蜜的嘴唇飘出甜甜蜜语，美唇的性感与感性让你的生活多一份甜蜜与幸福，你是否从中得到了什么呢……

Class 8 卸妆才是最彻底的洁面

正确地卸妆洁面，是一切的基础和源头。

正确的卸装和洁面给你更好的皮肤

完美妆容的前提是你的保养品能达到应有的吸收效果。皮肤能充分吸收保养品的前提是，良好的皮肤状况。所以女人一定要学会正确地卸妆和洁面，无论是以护肤为目的，还是以保养为目的，或者是为了让彩妆达到完美效果为目的，正确地卸妆洁面，是一切的基础和源头。

如果皮肤不好，上多少彩妆也没有预期效果，如果清洁不够彻底，用多少保养品也不能充分吸收。黑头、皮肤松弛、面部过敏等面部问题都跟不正确的卸妆和洁面，有很大关系。

下班或睡前，一定要卸妆加洁面。肯定会有人觉得这样很麻烦，但是不战胜小麻烦就要付出大代价。毛孔堵塞，皮肤衰老变黄，毛孔粗大，你处理这些问题的代价会更高，也会更麻烦。即使在化妆台上有堆积如山的保养品，因为皮肤清洁得不够彻底导致不吸收，不仅麻烦，也没有效果。所以卸妆一定要卸干净，哪怕只擦了 bb 霜就出门，回到家中仍然要坚持卸妆。

不论化不化妆，都必须卸妆

有很多女性跟我讲："薇老师，有人说还是不化妆好，化妆对皮肤不好。"我这样回答她："让裸露的皮肤赤裸裸地迎接空气，这样更残忍。""化妆对皮肤不好"，我觉得这完全就是谬论，也是对皮肤最大的伤害。

每一天，每一秒，只要我们暴露在空气里，那些雾霾、辐射和肉眼看不到的空气尘埃，都会直接侵蚀你的皮肤和毛孔。

选择正确的化妆品、化正确的妆，不是在伤害皮肤，反而是在保护皮肤。

化了妆就要卸妆，卸妆是每个女人都要重视的，哪怕是一个不化妆的女人。因为卸妆卸掉的不仅是化妆品，还有对皮肤有害的坏东西。卸妆不仅要卸得彻底，还要注意区分五官来卸妆。

唇妆的口红，眼妆的睫毛膏和眼线，这些就需要有专门的眼唇卸妆液。听起来似乎很吓人，有些人开始担忧要花费很多钱在卸妆产品上了。但事实上并不是这样，贵的不一定是对的，适合的才是正确的。

卸妆小技巧

卸妆的时候一定要针对不同部位选择合适的方法。

内眼线的卸妆：把眼部卸妆液倒在棉签上，然后把棉签放到内眼角，闭上眼睛，将棉签从内眼角拉到外眼角，再睁开眼睛时，你的内眼线已经移到棉签上了。很多人不会卸内眼线的妆容，导致眼睛过敏。

眼睛外部的卸妆：将卸妆液倒在棉片上，覆盖在闭合的眼睛上渗透几秒钟，之后轻轻一擦，马上干干净净，这就是针对眼妆，选对眼部卸妆液的结果。唇部卸妆和眼部卸妆同理。

脸部的卸妆，卸妆液分为油性卸妆油和水性卸妆水，脸部卸妆液的选择，由肤质决定。干性皮肤，某期间内皮肤干燥的人，混合性皮肤和敏感性皮肤，可以用油性卸妆液。而油性皮肤就不适用油性卸妆油。皮肤分泌油脂过剩，还要用油性物质去涂抹，对皮肤会造成很大负担。

除了根据肤质来选用卸妆液的情况之外，我也建议大家使用带有补水性质的卸妆液，比如贝德玛的卸妆水，几百块一大瓶，能用很久，不仅卸得很干净，也能同时补水。

洁面三步骤

卸妆的下一步是洁面，洁面有三步骤。

一是要活水洗脸。活水指的是流动的水，地球的引力可将脸部的污垢与角质顺水而下。脸部的黑头毛孔粗大都会有所改善。

二要选对洁面产品。根据你自己的肤质来选择合适的洁面产品，朋友向你推荐的，可能只适合她的肤质。如果你是干性皮肤，那洁面产品就应该有滋润功效。如果你是油性皮肤，就选择有清爽功效的产品。

用泡沫能够判断洁面产品是否滋润。泡沫越细腻说明产品越适合干性皮肤；而泡沫特别丰富，则说明它适合油性皮肤；泡沫量中等的，就适合混合性皮肤。不是绝对，相对而论是匹配的。

还有一种洁面产品是没有泡沫的，很油滑、很滋润，这种产品更适合衰老性皮肤和特别干燥的皮肤。但是一定要在彻底卸妆之后用。

洁面后，大家都会涂抹保养品。一定要记住，我们的三秒钟补水定律哦——三步水疗之后按步骤抹保养品会有事半功倍的效果呢。

正确的洗脸姿态

有的人说自己用凉水洗脸后，皮肤会更加紧绷。这种紧绷感是真实的，那是洁面方法错误，因为毛孔遇冷收缩，脏东西就会藏在毛孔里，洗不干净。等皮肤舒缓之后，紧绷感没了，脏东西却依然在。

正确的洗脸方法，需要适宜的水温，38° 左右最为适宜，这是人体正常体温。用温水洗脸，毛孔舒张，可以洗掉毛孔里的脏东西。洗脸时把洁面产品挤在手心，揉搓成泡沫，双手在脸上打圈，冲掉泡沫时，双手接自来水，不要用盆里的水，用手捧过水之后，直接拍在脸上，泼至少十次以上。

千万不要用力在脸上揉搓，用地心引力让水自然冲刷面部皮肤，再让水流自然垂落。不要觉得麻烦，当你习惯这种方法之后，你会觉得那是一种非常舒服的享受。

泡沫冲干净之后，用一次性的白毛巾擦干脸上的水分，发际线附近一定要擦干净，再用凉水泼五六次，这个时候毛孔就遇冷收缩，不是冷热交替，而是先温后冷，长期坚持先温后冷的洁面方法不仅能洗净毛孔里的脏东西，还能收缩毛孔。不过经期中的女性朋友建议温水就可以啦，美是从健康出发哦。之前提到蜂蜜可以护理唇部，在洁面方面，蜂蜜还有一个妙用。早晨起床后，大部分人觉得脸部很干，特别是在北方，起床后可以用蜂蜜洗脸。将蜂蜜涂抹在脸上，由上自下打圈，直接用温水冲净，用一次性毛巾擦干，用好三秒补水定律拍上补水产品及保养品，皮肤会很光滑，完美的肌底就会有完美的妆容，完美的妆容就会有美好的生活哦。

Class 9 水润润的你，四季都很美

我们不仅要做水一样智慧的女人，还要做水美人。

很多女士都觉得皮肤美白是最重要的，她们不惜耗费大价钱，也不怕浪费时间、消耗体力，奔走在各个品牌专柜，想尽一切办法寻找皮肤美白的技巧。面膜、面霜、美白霜，只要能白，怎么做都可以。她们专心于美白手段，在美白成功之后，面部的角质层就会变薄，会出现红血丝。

事实证明很多姐妹的行为都是错的，因为她们误解了"美白"的定义。"美白"不是"美"和"白"，而是"美丽的白"，或者说是健康的、正确的、适合的健康肤色。我们常会看见那样一些女人，她们的脸很白，但是到了脖子那里，颜色却出现了断层……总是避免不了这样的尴尬。

女人想美白，补水是关键。女人是水做的，水善万物，也是皮肤充满活力的源泉，皮肤缺水便会失去光泽，但如果补水得当，皮肤便能复发活力。水可以增加皮肤的抵抗力和平衡力，不缺水的皮肤很少过敏、起痘、出红血丝。如果皮肤补水到位，再用美白产品效果才会更好。

去角质不一定要用角质霜

我们的皮肤会有新陈代谢，会形成脸部的角质层，此时纯粹的洁面不能达到彻底清除的作用。我们用再多、再好的方法保养，也达不到我们想要的效果，因为角质层的关系吸收会不太好。这时候有人选择用角质霜来去掉死皮，以为这样能让自己重新焕发生机。不过是否有更好的方式呢？

就如前面我不建议大家用美瞳，因为美瞳会伤害眼睛。这里我建议大家尽量不用角质霜，因为角质霜对皮肤有一定的伤害。

不用角质霜，我们如何去角质呢？生活中我们洗完脸以后每次

三秒补水定律后，将水倒在棉片上按照脸部护理的手法进行第一次的擦拭，额头往两边擦，脸部中心T字部位上提的方式往上提擦。每天坚持早晚使用。它可以起到再次清洁去角质的作用，同时达到补水的效果。

我用棉片去角质，用补水喷雾补水，这就是我为什么从来不去美容院，而且家里没有一支角质霜的原因。女人的一生都是由细节决定的，所以即使是角质层这样小小的细节，我们也一定要注意到。用再多的保养品，不用得恰到好处，就是无用功。

这也是我走了很多弯路，花了很多冤枉钱，经历了很多，加上专业的研究之后，自己研发出来的妙招，实用又方便。大家可以365天不用角质霜也无妨啦。

正确补水让你远离法令纹

每个人都会长法令纹，随着年龄的增长，每个人的法令纹都会越加明显，所以我们在生活当中需要掌握一些减淡法令纹的手法。

把补水产品倒在手心，拍打到脸上，从下拍到上，接下来做一个简单的动作：三个手指并拢，倒上乳液或面霜，由法令纹挨着鼻翼的边缘往上推，一直推到内眼角的地方，然后往外向上提拉，拉到发际线太阳穴的位置，也要用向上提的力，紧接着拉至耳际上方，这个时候开始向下拉，拉到淋巴结的位置，到这里结束。

每次洗完脸之后，在脸上进行这个手法。这对于每个人都有很大的帮助，在刚开始的时候可能效果不太显著，但是如果你能坚持下来，你的法令纹一定会比别人浅。一定要坚持，年轻的秘籍不仅要有妙招还有持之以恒哦。

早晚洁面各不同

如果条件允许，建议女性朋友早晚的洗面奶可以是两支。如油性皮肤人士，平时用泡沫丰富的，但早晨可以用泡沫较少的，平时用泡沫较少的人士，早晨就可以用无泡沫的。

早晨起来皮肤相对应比较干净，所以适当的清洁就足够了，把早晚的洁面可以区分开来，对皮肤的损伤相对减少。皮肤的表层受损率会低一些。

与洗面奶的选用同理，保养品也是有区别的。晚上可以让脸部多一份营养，白天可以让脸部少一份负担。

我晚上会用精华为主的霜状保养品，白天则以水状的乳液为主，这样针对不同时段使用适合皮肤状况的保养品，化底妆和彩妆时，上妆效果会更好。

补水三秒定律

之前一直讲"三秒"钟补水定律，这"三秒"定律到底有多重要。洗脸之后的三秒钟之内补水，真的很重要。在涂抹保品之前的补水步骤，能够促进保养品的吸收。现在北方的水大部分略带碱性，很多人洁面之后涂抹乳液，脸上还是有紧绷感，是因为酸碱不平衡，造成营养成分被破坏。

这时候我们就需要一个专业的补水喷雾或者是矿泉喷雾，洁面后，用一次性的白毛巾擦干水分，可以用天然矿泉喷雾或水在三秒钟之内马上喷在脸上，起到平衡的作用。

喷完之后取棉片，用水或补水产品浸湿。干性皮肤，就用柔肤水浸湿；敏感性皮肤，则用滋养抗敏的补水产品浸湿。

在喷过喷雾之后，面部的水分还没有蒸发，用浸湿的棉片，用向上提的力，从面部中间向两边擦，从下往上擦。

接下来还有一个非常关键的步骤——三秒钟补水定律产品的选择与方法，准备矿泉水和喷雾瓶，喷头的制水雾效果要好，水雾均匀有负离子效果更好。

矿泉水可以选择依云矿泉水，倒入喷雾瓶，洁面擦净后立刻喷在脸上。矿泉水可以放到冰箱里面冷藏，平时要拧紧，防止滋生细菌。

南北方水都呈弱碱性，但酸碱度 pH 不同。要延缓面部肌肤的衰老，就要保证面部肌肤处在酸碱平衡的状态，挑选弱酸性的矿泉水，可以让面部环境维持酸碱平衡，便于皮肤吸收营养。而且面部皮肤如果没有经过矿泉喷雾的均衡，补水产品里的营养就会被破坏。

矿泉水是最经济实惠的选择，当然也可以选购喷雾产品代替，敏感性皮肤就用抗敏性喷雾，正常皮肤就用补水喷雾。

水女人三秒钟补水定律就是告诉你洗完脸之后三秒钟一定要马上喷雾补水哦。效果时间说了算，可以帮你节省很多化妆品呢？

《老友记》里曾经有这样一段对白："我今天的打扮怎么样？像不像 18 岁了？""哦，是很像，非常年轻！只不过，你的眼睛泄露了太多的智慧"。一个真正智慧的女人，从来不会盲目追求与我们年龄不相匹配的气质。

第 **3** 章

仪态

仪态之美不可复制

作为你独有的面部表情、身体姿态、行为举止，仪态是一种极其丰富和生动的信息传递，可谓"无声的语言"。仪态之美，绝不是一日之功。它不若穿衣打扮、唯美妆容，可以借鉴潮流，一气呵成。它是你内在素养的真实表露，千人千态，永不可复制。

Class 1 "坐"的学问，很多人都不知道

只要下决心练好坐姿，你身在任何场合都将是一道优雅的风景。

作为女人，如果被赞"风姿绰约"，想必定会喜不自禁。要知道，"风姿"二字，不是一般人能担得起的。而这个"姿"，其实也不单指身姿，它还可能包含站姿、坐姿、走姿等。

本节里，我们重点谈坐姿。可不要小看了这个坐姿，在古代，人们常常根据一个女人的坐姿来判断她的出身，而在开放的现代，大家通常也是依据坐姿来评判一个女人的品性。由此可知，坐姿里也有大名堂。坐，要分场合而坐，在不同的场合，女人要利用自己的肢体来表达出无声的语言，一言概之，即"应景生姿"。

如果是在会议时，应端坐挺拔。因为工作场所是一个比较正式严谨的场合，为了表现出你认真的态度、对公司规定的严格执行，以及对领导的尊重仰慕，你必须正襟危坐，以此凸显你的精神饱满、斗志昂扬。在屈膝坐下时，一般将膝盖向下垂直 90 度，这是标准的商业坐姿。如果为了美观，可以将双腿向后缩 45 度，以显得腿更长。双腿放回垂直位置的时候，要注意一只脚应先放，另一只紧跟而上。在端坐期间，应将左手放在桌子上，两只脚尖成一条线，两个膝盖成一条线，肩膀和脑袋也成一条线，眼睛平视前方一条线，这样将会显得你非常优雅、端庄。在双脚规避不叉开的情况下，可以自然地左右 45 度转换，也可前后双脚勾或换。不要跷二郎腿，否则将使你的职业形象大打折扣。

如果是在社交场合中，入座的时候千万要注意，务必先用自己的右腿去感知椅子是否在身后，以防有人恶作剧，将你的椅子抽掉，以使你在大意之下糗相尽出，颠覆了你的优雅形象。确定椅子在身后以后，应迅速坐下。坐时将你的四指并拢，大拇指虎口略展，将裙子或衣角用手指边缘与拇指虎口略往下撩顺势入座。如果你比较高，腿比较长，则应坐椅子的三分之二。相反，如果你的腿稍短，则只需坐椅子的二分之一，这是最稳重又显腿长的坐法。

　　如果是在家里，则可以"S"形的标准动作躺在贵妃椅上，以慵懒娇柔的姿态来展示作为女人的柔美。

　　总而言之，坐姿主要取决于雅度和美度，而你的雅度就是你的美度，你的美度则源于你的态度。只要下决心练好坐姿，你身在任何场合都将是一道优雅的风景。

Class 2 要"站"出风姿，可没那么简单

任何优雅的姿势，都与一个健美的体形分不开，有型的身材最容易塑造出各种优美的姿态。

正确对待站姿

现在很多人宁愿把大把的功夫花在脸上，也不愿多费精力去关注站姿、坐姿、走姿这些事。也许在大家眼里，这都不算事，因为坐、站、走是多简单的事啊，似乎就是人与生俱来的一项本能。其实不然，姿势里也能看出一个人的礼仪修养，是人整体气质的构成。

现在主要来说说站姿。

站姿，顾名思义就是一个人站立的姿势，它虽然呈静态，却是所有身体造型动态时的基础，能最直接地体现一个人的姿势特点。如果一个人连站姿都做不到规范，又何来优雅呢？

那么怎样才算是规范的站姿呢？笼统地说，人在站立时，双脚可呈"V"字形，膝盖和脚后跟各自靠拢，即呈立正姿势；也可右脚朝前半步，左脚略微靠后，即呈"稍息"姿势。需要

注意的是，站立时肌肉不能过于紧张，以免姿势太过僵硬；胸背挺直，两手自然下垂。练就了这一规范站姿的你，无论高矮胖瘦，无论立于何处，自然有一种说不出的优雅气质。

话说回来，任何优雅的姿势，都与一个健美的体形分不开，有型的身材最容易塑造出各种优美的姿态。这就要求我们不光要练习自己的坐姿、站姿和走姿，更要对自己的形体加以训练。

闲暇时多做有氧运动，约束过度进食，做些小小的腰腹练习等，这样才能有健美的体形和紧致的腰线。当然，最重要的还是拥有追求优雅的决心和坚持到底的意志。

那么，我们不妨从现在开始，一起来训练自己的站姿吧！

站姿练习小贴士

站立的要领是抬头、挺胸、收腹。同时夹紧臀部，将双肩完全放松，直至慢慢向后打开，夹紧蝴蝶骨。平时，我们可以靠墙辅助练习。练习时双肩自然放下，下巴微微低垂，面带微笑，每次坚持练习 5 分钟，一天 2 ~ 3 次，一个月之后便会初见成效，那时的你身段变得更加柔美，气质变得更加优雅。

大部分女人在站立的时候，双腿之间都有一条细缝，看起来颇不美观。为了消除这条细缝，我们可以试着用一只脚的足弓后侧的那块多余的肉去靠向另一只脚的脚后跟。这样做的效果立竿见影，双腿之间的缝隙马上消失了，这时候再把双肩打开，整个人的身体线条就变得无比流畅，极具美感。

还有就是，收腹的时候千万注意，不能猛烈地吸气。一定要整个人放松，想象着自己的前肚皮正慢慢地向后背贴去。重复做这样的动作，直到感觉肚皮有点疼，便是有效果了。有人可能嫌这个太麻烦，毕竟不能一蹴而就，要经过反复练习，不可避免地"吃苦受累"。但是，如果你不想在洗澡的时候为自己身上的一个或两三个"游泳圈"感到沮丧，不想空有满腔柔情却被人称为女汉子，那么，就不要打退堂鼓，专心练习这些形体姿势吧。

站姿中的肩膀

女人在生活中最怕什么？当然是衰老。而那些象征衰老的迹象，除了皱纹，还有驼背。俗话说，背厚一寸老三岁，背厚两寸老十岁。如果不想自己过早地显露出老态，就把自己的背挺直，将肩膀打开。

每个人的后背都有两块蝴蝶骨，也就是俗称的肩胛骨。那些身材极佳的模特，都有着很明显的蝴蝶骨，并且是平行的。我们只要认真观察就会发现，这些模特的蝴蝶骨大多撑得很靠后，这使得她们拥有比常人更大的气场和更优雅的气质。难道拥有完美的蝴蝶骨只是模特的专利吗？当然不是。平凡的我们一样可以练就那样的身体特点。练习的关键在于，学会去打开自己的双肩。在练习过程中，我们可以想象这两块蝴蝶骨中间有一张纸或者一支笔，然后努力用肩胛骨将其打开。做这一动作时，还要想象从你的颈椎骨处有一股气流一直向上顶，一直顶出你的头顶，仿佛有一根绳子，正拽着你不断向上。这时候你也可以冥想，想象一滴水珠滴落到你的头顶，顺着两肩滑落，这时的你如同听着轻音乐静静地站立，瞬间世界也变得清明无比。

如果是已经驼背的人，也无须绝望。你可以通过不断地练习，做扩肩运动来慢慢纠正驼背的习惯，时日渐长，驼背的情况一定会有所好转。当你不自觉地弯腰驼背的时候，一定要及时醒悟，大声告诫自己不可以这样，并立刻将背挺直，做扩肩运动。久而久之，你就会形成一种条件反射。因为人的身体肌肉在 21 天内会形成记忆，当习惯成自然，你就会在无形中敦促自己时刻保持抬头挺胸的姿势。

做任何事情都需要精神力量的支撑，只要你对优雅矢志不移，一切都不是问题。

生命与成长最难过的一关便是要发现并接受这个世界的残酷，面对痛苦，抱怨和愤怒是最普通的反应，但无论何时何地，都怀抱热爱去生活，才是真正的勇者。愿我们在知道生活的真相后，仍然对这个世界，温柔以待。

Class 3 握手是门儿技术活儿

不管是初次相见还是久别重逢，行个握手礼，便能一下子拉近距离，活跃气氛。

握手是人际交往中最常见的一种礼节性习惯。它不张扬，却能表达热情；不深沉，却能传递真诚。不管是初次相见还是久别重逢，行个握手礼，便能一下子拉近距离，活跃气氛。当然，握手并不就是随意地两手握拢，其中也有诸多学问，有值得我们注意的事项。

第一，不管在任何场合，最先伸出手的只能是女士。这里请男士注意了，如果女士不伸手，男士千万不要主动去握对方的手。这样做既是对女士的一种尊重，也凸显了男士的绅士风度。

第二，在握手的时候，男士千万不要轻佻地握着女士的手不放开。两手虎口相对，握住约三秒即可放开。女士也不能太过忸怩，只让男士捏着自己的半截手掌，这样只会显得自己矫情又小气。握手过程中更不能一直上下抖动，最多摇摆三下；身体稍微前倾，切忌踮起脚尖，失去身体的重心，这样又显得太过主动。

第三，若遇到男士不肯放手，女士可以利用假装跟旁人打招呼或找东西等转移注意力，借机脱手。如果是在单独会面的情况下男士不肯放手，女士可以骗说自己给对方带了什么东西在提包里，并作势要拿，然后趁此抽出手来。千万不要愣在原地手足无措，或者表现出厌恶的表情，更甚是粗暴地甩开对方的手……尽量避免选择一些让对方尴尬的方式，以免得罪了对方，因为有时候男士可能注意力不够集中，所以忽略了这个细节。

第四，握完手之后才递给别人名片，不要表现得太过急切。

Class 4 无论如何，爱笑准没错

女人，一定要记住，你练习元宝嘴笑容并不是为了取悦他人，而是悦纳你自己。

爱笑的女人运气好

微笑是这个世界上最美的语言，这似乎已是地球人达成的共识。如果你在他人面前尚不能摆出一种最自信的姿态，那么，请微笑。要知道，你可以不漂亮，不成功，不富有，但是不能失去笑容。因为笑容是世间最有效的护肤品，它能让你变得无敌美好而无须出处。

假如你没有天生丽质，那不打紧，只要拥有最自然生动的笑靥，你依然是美的，这种美比漂亮淡三分，却能让人如沐春风，过目难忘。都说爱笑的女人运气不会太差，这是真理。当你嘴角轻扬，目光会自然而然地变得友善，眼神会变得温柔，精神会变得饱满，整个人也熠熠生辉起来。这样的笑容无疑是极具感染力的，它会让人平添亲近感和信任感，是一种最温暖质朴的身体语言。这样爱笑的你，自然会得到他人的好感，忍不住想要亲近。如此，你的人脉也会丰富起来，好运自然也就接踵而来了！

丢掉"笑露八颗牙"的错误观点

曾几何时，源自旧时代的"笑不露齿"的审美观已被颠覆，人们给最美的微笑贴上的标签，成了"笑露八颗牙"。于是乎，只要是庄重的场合，人们都务必露出八颗洁白健康的牙齿，唯有如此，才是标准的国际化微笑。君不见，在"培养气质"的礼仪课堂上，学员们煞费苦心地大练八颗牙的笑法。然而，此种笑法也不适用于所有人啊。如果你恰好长了一口整齐洁白的牙齿，那 OK，完全没问题，这一笑法甚至完全可以成为你的强项。但是，如果你的牙齿生得并不那么美好呢？比如满口的四环素牙或烟熏牙？比如门前几颗大板牙？更甚是不张嘴也包不住的突牙？这样的你要是遵循"笑露八颗牙"的准则，还真有那么点"贻笑大方"的意味了。

其实，笑露八颗牙的观点是没有问题的，但它也许只能纳入服务性行业或重要公众场合的国际化标准中。作为既不参加选美大赛，也不服务公众的平民的你，先审视一下自己的牙齿特点，再判断自己是不是真的适合这种笑法吧。如果此种方法不但不能美化你的面部表情，提升你的气质，反而把你的缺点暴露无遗，那么，请果断抛弃这个理念吧。除此，不是还有抿嘴笑吗？

谁不想做个面带笑容的美丽又美好的女神？那么，不妨多对着镜子练习，找到最迷人的笑法。如此，那个嘴角上扬的动作，一定能为你的气质加分。

笑出元宝嘴

被划归为"最美"的笑容有三种：

第一种笑是含蓄的笑。略微带点笑意，但是嘴角扬起的弧度很小，几不可见，唯有眼神透出动人的神采。

第二种笑是传说中的眉开眼笑。嘴角轻轻上扬，看得见弧度，同时嘴里含着一口气，笑时眉毛张开，生动可亲。

第三种笑便是会心地哈哈大笑，笑时发出爽朗的笑声，嘴角绽放出大大的笑容，甜美可爱，极具感染力。

以上三种笑容，有所讲究。说白了，它代表着与人交往的三个境界。初识时，彼此互有好感却保持距离，用第一种笑容向对方示好，不急切，不客套，代表一种真诚的表白；在慢慢熟稔并开始相交之后，便彼此认同欣赏，时常交流畅谈，不时眉开眼笑，感情在谈笑中不断增进着；当感情升华到一定境界，便成了无所不谈的好友，谈天说地也好，倾诉心曲也罢，一切无所顾忌，不时哈哈大笑，毫不设防。

但是，值得一提的是，如果你的唇形和牙齿生得并不那么完美，或者嘴里有口气，那么后面两种笑容就不大适合你。这时，你可以把第一种笑容好好练习一下，必要时展现于人前，一样可以为你的魅力增色不少。如果一不小心被戳中了笑点，让你忍不住想捧腹大笑，那么，这时候你可以用手捂住嘴巴，同样能够达到大方得体的女神范儿效果。我们罗列出的这些笑容，都有一个基础，那就是都要从元宝嘴的笑容开始。什么是元宝嘴的笑容呢？肯定不是露八颗牙，而是笑的时候想象你的嘴里正含着一颗鸽子蛋，自然不用露齿。从美学的角度来讲，当你的嘴中含着空气，嘴角略微上扬的微笑是最美的，因为它会让你的脸部线条更加立体。

在经过反复练习这样的元宝嘴笑容之后，即便你不笑，你的嘴角也会不自觉地带着上扬的弧线。这对于青春易逝的女人来讲百利而无一弊。因为随着年龄的增长，女人的唇肌会变得松弛，嘴角便会下垂，而通过元宝嘴笑容的练习之后，有了微笑的弧线，嘴角便不会下垂，人也不会过早衰老。

女人，一定要记住，你练习元宝嘴笑容并不是为了取悦他人，而是悦纳你自己。当你习惯性地保持最美的笑容，你的整个身心都会变得轻舞飞扬，人也无比自信起来，优雅的气质自然也会随之而来。所以，不要吝啬对自己好，大方地送给自己笑容，一刻也不要停。

Class 5 朦胧眼神？这是什么鬼

当你真正掌控了眼神流转的要领，便必将成为人际交往中的佼佼者。

找准焦点

在人与人交往的过程中，语言所能传达的信息十分有限，大多数时候，我们还得通过肢体语言和眼神等其他辅助"工具"来完成信息的交流。这种情况下，大部分人都会选择通过眼神的交流来传递想法，表达情感。但殊不知，眼神所代表的内容丰富含蓄，一不小心，你就会表错了意，不但不能拉近与人的距离，反而适得其反，把对方吓跑。

眼神的语言功能十分特殊，其间大有学问。不管是在生活还是工作中，我们都要根据自己所处的位置，所扮演的角色来正确运用它，因为跟不同的人交往，目光的聚焦点是不一样的。比如你作为一个下属，看向领导的目光就应该聚集到对方的眉中略微靠下的位置。而你作为一个领导，看向下属的位置就应该在对方鼻尖两侧略微靠上的位置。如果是平级交流的话，就将目光聚集在对方中庭，也就是眼角的位置。以上三个不同的位置，都有相同的禁忌，不要直视无碍，那是很不礼貌的行为。当你直勾勾地盯着别人的眼睛看时，会让人浑身不自在，要么误以为你想洞穿对方心底的秘密，要么误会你这个人太强势直白，让人无端生出排斥感，不愿与你继续交流或交往。所以，为了避免被人误解，我们还需要锻炼自己的瞳孔，让眼神产生一种朦胧无害的感觉，这样就不会令人产生太过犀利的不良印象。

那么，问题又来了，要怎么练成柔弱朦胧的眼神呢？其实很简单，那就是将自己的瞳孔向后看。因为我们平时看向物体的方向只是眼前 180° 范围内的世界，如果我们想要表现朦胧眼神，就需要在脑海中想出眼后另一个 180° 的范围。当你在想象中向后看时，你的瞳孔焦点就会向后缩，眼神的焦距也不会那么集中，久而久之，朦胧感便自然而然地生成了。如果你下定决心要练成这样的眼神，不妨每天对着镜子练习，功夫不负有心人，终有一天，眼神会成为你的交往"利器"，令你在不同的场合游刃有余。

总之，当你真正掌控了眼神流转的要领，便必将成为人际交往中的佼佼者。

Class 6 没了健康，就别谈什么优雅

我们需要在年轻时认真经历生命的历练，方能在岁月中优雅地老去。

三十多岁的女人，十多年来一直坐在办公室里做着不算太累的财务工作，最近因为颈椎病越发严重而影响了大脑和脊椎，无法长时间思考，也不能久坐，只好辞职开始了漫长的理疗康复。最近又向我诉苦说，电疗时遭到意外电击，需要进行全面体检，以确定是否对心脏造成损伤。这是我朋友的真实经历。我从她的身上，更加深味健康对女人的重要性。就像朋友自己说的，很多年前就知道长期坐在电脑前不活动会造成颈椎疾病，可从来没有引起过重视，总觉得这又不是什么要命的大病，而且自己也不至于这么点背。没想到真的摊上了，才发现看似小小的健康问题竟然对工作和生活造成了严重的影响。现在的状况实在糟透了，除了失去工作，生活上也引发了诸多不便，颈椎病带来的身体不适，让她即使休养在家，也无心于家事，因为病灶的痛感无时无刻不折磨着她，让她对任何事情都提不起兴致，相当无力。她恐慌地问我，难道我的下半辈子，就注定被这该死的病给耽误了吗？我给不了她回答，因为我不是骨科医生；我也给不了她安慰，因为我不是心理医生。所以，当健康遭到损坏，承受者便是唯一的承担者。

其实我在前文中已经详述过健康对于女人的影响和作用，那么在本章的完美气质养成计划里，它也该被提上议事日程了。

首先，正如我此前所讲的，心理健康问题对于女人的摧毁性甚为巨大。现代社会里，女人扮演的角色越来越多，也越来越重要。尤其又身处生活节奏快、竞争激烈的生活环境，压力过大是可想而知的。再加上女人的每个年龄阶段都会或多或少出现一些心理问题，这更加剧了女性的心理负担。所以在我们的健康计划里，首先就是要实施减压计划。如何减压？最好是根据自身的实际情况来选择最

便捷有效的方式。比如学会倾诉。当你有了抑郁不平或者愤怒忧虑，都不要让它憋在心里继续发酵，这样会严重影响身心健康。而应该把它说出来，因为倾诉是宣泄，是释放，也是寻找共鸣。不管你达到了哪种效果，你心中的负面情绪都会得到相应的消解，这是一种倾诉效应，对缓解人的不良情绪极为有效。至于向谁倾诉，可以是家人，也可以是亲密无间的朋友或值得信赖的同事。如果你比较排斥对人倾诉，也可以把它用日记的形式写下来，把心事诉诸纸笔，同样是一种释放。再比如学会自我调整。也就是所谓的自我安慰。这需要比较理性、自制力良好的人才可能做到。自我调整就是要摆正心态，学会理解，学会原谅，学会取舍。再有就是凡事要懂得适当降低自己的期望值，不要过于强求，学会顺其自然。关于减压，你还可以学会转移注意力。当你的负面情绪高涨到极点，无从解脱，索性直接不理，否则发展下去就钻进死胡同出不来了。这时候你可以转而做点别的事情——最好不用动手动脑，比如逛街、听音乐或看电影。

接下来就是我们的体格健康计划，也就是运动计划。虽然很多女性的体重都控制在正常范围之内，但也不能说明你足够健康。现代生活中，女性容易摄入过剩的高脂肪高蛋白，再加上肌张力普遍较低，又缺乏足够的锻炼，所以大多存在身体的健康隐患。要避免这一点，就得进行适当的运动锻炼。在众多的运动方式中，健步走、游泳、瑜伽是最适合女性群体身体特质的。其中健步走可以放松大脑，调节气血，改善体质，适合身体素质较弱的人群；游泳则是一项全身运动，既能增强心肺功能，又能塑造形体美，适合各个年龄各种体质的女性；瑜伽是一种慢运动、轻运动，类似于静力运动，安全度最高，几乎没有损伤，能同时达到修身养性的效果。不管你选择哪一种运动方式，都要长期坚持，甚至把它当作终身计划来实施，因为保持身体健康是我们一生的事业。

最后就是经常被我们忽略的健康饮食计划。身为女性，这其实是我们的强项，因为女人天生精于此道。而且女性不但要关爱自己的饮食健康，还要担负起全家人的饮食健康管理。在一个家庭里，如果女主人善于制订合理科学的饮食计划，那么全家人的健康都会受益。所以说，一个会做饭会持家的女人，对于家庭的和谐健康稳定是十分重要的。对于生活饮食，我们提倡各种营养成分的食物都要摄入，但必须控制好量，掌握好度。当然，这可没有现成的范本，你得根据自己和家人的身体情况来有针对性地制订计划，这就需要我们的女主人们在营养学方面多下功夫了。

有人说，"一个人无法不变老，但是他可以抵制衰老"，而我们的健康计划，就是可以抵制衰老的卫士。即使有一天注定要不可阻挡地老去，健康也会赋予我们优雅的姿态。我们需要在年轻时认真经历生命的历练，方能在岁月中优雅地老去。

女神的气质：扑面而来是优雅

气质之美，不是盛气凌人，也不是怯声怯气，而是姗姗而来时，一种扑面而来的优雅。这优雅里藏着你的人生故事，彰显着你的人生态度。正如罗曼·罗兰所说："气质之美与其说是来自内心的修养，不如说它是来自一种对美好事物的欣赏能力。这份欣赏力就使一个人的言谈举止不同流俗。"

Class 7 岁月无情，唯有气质不会迟暮

30 年算什么？我还可以继续美下去。

我们不能假惺惺地说"看脸将会过时"这类偏激的话，毕竟人是感官动物，一个人的外貌条件好，难免在初次见面的时候吸人眼球。只不过，这个光怪陆离的时代，人们似乎因为看多了千篇一律的"锥子脸"或那种精致到找不出一丝瑕疵的完美妆容而有了审美疲劳，也或许是大众的品位被提升到关乎内涵的新高度。总之，不可否认的事实是，"主要看气质"越发流行起来。

我在美业做了这么久，感触最深的就是，我们的客户群已经从早期的单纯追求容貌美，发展到今天注重整体气质的包装和打造，即在保养面子的同时，也在有意识地提升自己的综合素质，如穿衣搭配、言行举止等。这就说明，"气质"已经成为大众关注的焦点了。

林青霞美不美呢？用我们这个行业的专业眼光来评判，她也是少有的标准美女。五官非常立体，销魂深邃的眸子加上性感的欧式下巴，说她的美百年一遇也丝毫不过分。可是，男人女人对她趋之若鹜的崇拜，难道就只是因为这一份"不像话"的美吗？当然不是。徐克导演就说了，"林青霞自有一种高贵，带着一种英气"。这番评价也可以用张国荣的话来解释，就是"她最靓，最有气质，最有品位"。许多人也许都会问出和张学友一样的问题："一个人怎么可以一直美30年！"而我们年过六旬的林大美人则用自己不衰的气质告诉众迷：30 年算什么？我还可以继续美下去。我为什么要举林青霞这个例子呢？是因为大家有目共睹的是，60 岁出头的林青霞已经没有当年的花容月貌了，连身材也不复从前，而日益加深的法令纹更是泄露了她年龄的秘密。但是，你不得不承认，人家的"女神范儿"犹在好不好？这就是她几十年来美得长盛不衰的原因。人家不也说了吗，"请别再叫我大美人，叫我作家"。从《窗里窗外》到《云来云去》，人们会暂时忘却大荧幕上那个风情万种的林青霞，

而被她字里行间流溢出来的知性和从容淡定所吸引，原来所谓的女人味，也可以是书卷味，还可以是"笑看云卷云舒"的心态啊！我们似乎看到了 19 岁的林青霞和 60 岁的林青霞竟然拥有同一而不变的气质，那是岁月和年龄无法劫掠的。

所以女人，在管理好你那张脸的同时，请不要忘了匀出时间来注重自身气质的培养和提升，要知道，只有气质美，才能无惧岁月无情啊！

不过，也许我说了这么多，大家对气质的概念还是云里雾里的。就我个人的理解，气质其实也是一种外在可观可感的东西，但它的前提必须是：修于内，形于外。就是说，气质大多数取决于你的内在修养，说得直白一点，它属于内在美、精神美，是与你的文化、知识、思想、道德挂钩，最后又通过你对待生活的态度和行为直观地表现出来。有人会说，那气质不也要看穿着打扮吗？一个穿着不得体的人，恐怕很难和气质扯上半毛钱关系吧？是啊，你说得没错。但是呢，如果一个人有很好的内在修养的话，难道她还会穿得不修边幅不三不四吗？这也从反面验证了修养体现于外在的道理。总的来说，一个人的气质是由她的个人涵养、外在的行为谈吐、待人接物的方式和态度等因素决定的。知书达理、优雅大方、亲切随和、仪态万方，都是气质的表现，一个有气质的女人，无时无刻不展现出她的个人魅力。

Class 8 你的气质看起来很贵

气质的确是我们最迷人的法宝，但是别人的气质只可欣赏不可模仿。

"气质"只是一个笼统概念，不同的人有不同的气质风格。于是有人按照各种标准，把气质分成了不同类型。比如气质说，就把气质分成了多血质、黏液质、胆汁质、抑郁质这四种经典类型。也有研究者根据女性的个性特点，把气质分成了高贵、智慧、娴熟、优雅、恬美、妩媚、俏丽、帅气、高冷等类型。

然而千人千面，任何一种气质类型都不足以表现个人的风格。我们不应把自己装进任何一种气质类型的模子里，再以"完善"为名，努力改造自己，朝着那个模子的极致靠拢。如果真的这样做了，你在失去自我特色的同时，还会因为无法达到预期而产生挫败感。

我自己就有过这样的经历。记得青春时曾经非常地喜欢王菲，为她的气质深深地着迷。那时候觉得菲姐的一举一动都好有女神范，既神秘又高冷，走到哪里都有逼人的气场。然后就情不自禁地想要模仿她，先是可着劲地听她的歌看她的电影，学她的眼神和表情；再就是研究她的穿衣风格，在心里想象着那些衣服穿在自己身上会是怎样的效果，一定也又酷又仙吧。一段时间下来，周围的朋友都用奇怪的眼神看我，有好奇者还问我是不是受了什么刺激。我反问他们怎么了？有人便说，你现在怎么变得一副不爱理人的样子啊？装深沉吗？还是有心事啊？我心里顿时明白过来，心想，是不是自己终于有了菲姐的高冷气质了呢？结果朋友的话令我大受打击："总觉得你像变了个人似的，以前那么爱笑，那么温暖，现在老是一副别人欠你钱的样子。真的难以接受，一点儿也不像你的风格！"在我尚未想出反驳之语的时候，人家还继续洗刷我："现在穿衣服也不伦不类的。以前穿那些暖色调的衣服挺适合你的，现在搞得非灰即白，死气沉沉，咋变得这么颓废呢？"天哪，天后的气质在他们眼里居然被嫌弃成这样，我整个人懵了。最后竟然不甘心地说："你们竟把菲姐贬低成这样，也太没有水准了吧？"傻言傻语引来的自然又是一番嘲笑："你又不是王菲好不好？那是人家的风格好不好？是专属于她的气质！你和她完全是南辕北辙的两种类型呀！"真是当局者迷啊！朋友的一席真言令我醍醐灌顶，也无地自容，原来气质不是可以模仿和抄袭就能拥有的。

现在回首往事，仍会为自己曾经的幼稚难为情。虽然仍旧一如既往地喜欢菲姐，但早已经不会盲从，而是坚持走自己的气质路线。记得看过一句话："你的行为，一定要符合你的气质。你所应允的事情，一定在你的能力之内。你的气质里，藏着你走过的路、读过的书和爱过的人。"每个人都是独立的个体，你的学识，你的涵养，你的一言一行，你的穿衣打扮，甚至你的笑点泪点，都是为你自己所特有的，那也正是你吸引别人的地方。而盲目和趋同的追求是非常可怕的，它会耗费你大把的精力与时间，令你在得到后却倍感迷惘，因为你往往因此而失去自己存在的意义。

气质是一种不可名状的东西，不是用几种类型就能概括全世界，因为这个世界上找不出两片完全相同的树叶，更找不出完全相同的两个人。那些将某个偶像作为自己整容范本的人，不管她的整容效果多么完美，相似度多么高，她也不会真的成为那个偶像，当然，她也不再是她自己，而她所呈现出的气质，也不会真实自然。所以，保有自己的专属气质是极其重要的，当你将自身的气质修炼完善，请不要随随便便颠覆和辜负。

在此，我只想对爱美的女性说，气质的确是我们最迷人的法宝，但是别人的气质只可欣赏不可模仿。如果你是可爱温暖型，就不要故作老成；如果你是成熟稳重型，就不要故作可爱；如果你是温柔淑女型，就不要故作狂野……你的言行和穿着，一定要与你的思想和个性相匹配，这样才能展露出与众不同的风情。

Class 9 不光"看上去很美"，
还要"读起来很美"

一个女人最伟大的资本是修养。

素质是什么？用高雅一点的说法，就是修养，也可以说是教养。

不知道有没有人听过这样一句话："不美丽是女人绝对不可以容忍的事情，但没有修养绝对是男人不可以容忍的事情。"虽然有点娱乐性质，但我个人觉得很有道理。不过值得肯定的是，在女性把囿于外在美的注意力逐渐转移到内在美的今天，没有修养似乎成了男女都不能容忍的事情。就是说，不管对男人还是对自己，女人都会比较注重素质修养这方面。

记忆犹新的就是我第一次带着薇时尚美女学员去法国游学。我们这一群美女在法国可是一道亮丽的风景线。就是在米其林餐厅我们的着装和举止都会吸引很多人对我们竖拇指。每个人都在要求别人注重素质，却忽略了我们生活中的素质其实是母性出发的言传身教。若没有人影响，何不用我们的自我约束来提升自身养成良好的素质修养呢。素质的修行和良好习惯的养成可以让我们的生活更加美好而精致。

女人的素质也是一种美，如果硬要形容这种美，便是一种空谷幽兰般的美，没有光艳四射，却沁人心脾，耐人寻味。

其实若说美丽，这个世界上还真不缺少有形的美。但很多的美经不起推敲，从那美的主人口中说出的话，有时候刺耳地令人作呕；从那美的主人做出的行为，有时候粗鲁得令人想逃。

这样的美，只适合看一看，至多评头论足一番，然后过目即忘，它属于"看上去很美"。而那些真正令人觉得神清气爽的美，大多不是源于外在，而是从对方的言谈举止中透露出的教养和素质，它属于"真的很美"。这样的素养，不是刻意就能装出来的，它是一种潜在的品质，不会随着时光的流逝而失去光泽，只会越发耀眼迷人。这样的素养，看起来平淡无奇，但尤为耐读，因为它所蕴含的智慧、品德和魅力是永不会消逝的。

中国女性潮流先锋、美容时尚报社长张晓梅说过，一个女人最伟大的资本是修养。她曾告诫女性朋友："女性的修养和魅力是她们修炼的结果。通过不断地修炼，每个女人都可以一天比一天更有魅力。但最重要的是，她是否懂得修养的重要性，是否愿意不断学习提高修养的方法并对此持之以恒。当她真正成为一个有修养的女人，这将对她的事业和人生产生极为重要的影响。"

女人的一生，不管她扮演什么样的角色，她的每一个角色都很重要。作为女儿，她的修养关乎父母的晚年幸福；作为妻子，她的修养关乎一个家庭中各种关系的和谐维系；作为母亲，她的修养关乎儿女的性格和教养，她的职责不只是养育儿女，还影响和决定着一个国家和民族的前途。所以说，作为女人，你存在的重要性决定你必须是智慧、博爱、仁慈、自信和有修养的，如此，这个世界才会因你而更美好。

Class 10 气度，是你皮囊里藏着的金玉

没有气度的气质，就如空有一副华丽的皮囊，只是徒有其表。

不知在哪里看到的一句话："女人不可无气质，男人不可无气度。"当时就觉得怪怪的，谁说气质和气度还要分雌雄的？气质不是女人的专利，气度也不是男人的专权，更重要的是，二者怎么可以割裂开来？试想，一个女人即便给人最初的印象很有气质，但经过进一步的接触和了解，她的毫无气度必然会令她的气质大打折扣，而耐得住时间考验的气质，也必定有气度作为支撑。

女性由于性别特点，比男性更为敏感，感情也更加细腻，思考和看待问题喜欢钻牛角尖，走极端，对人对事容易想入非非，难以释怀。还有最重要的一点，女性比较爱面子，对一切扫面子的事容忍度相对更低，也就是所谓的"面皮薄"，所以才会有那句令千百年来的女性耿耿于怀的"唯女子与小人难养也"，嫌弃的不就是咱们女人的胸襟小，不好将就嘛。所以，作为新时代的女性，作为一个有气质的女人，我们势必要收起那些有的没的"小心眼"，用气度为咱的气质加分。

因为工作的关系和很多人打交道，而且服务对象主要是女性群体，所以在气度对女人的重要性这件事上深有体悟。我就曾遇到过许多要脸蛋有脸蛋，要钱有钱，而且气质优雅的女客人，也很容易在初次见面时就为对方的气质所倾倒。可往往一单生意做下来，便觉得用眼睛看到的气质并不那么靠谱。比如有的顾客会不断地要求换服务员，不满似乎有一箩筐，但都是些非常主观的个人喜好问题；有的会为了争取更优惠的会员折扣价跟你死磨一两个小时，完全无视我们三令五申的店规，浪费时间不说，还极度影响彼此的心情……虽然顾客就是上帝，但我们真心觉得接待这样的上帝好累。所以，下次再见到这样的顾客风姿绰约地进店消费时，我们也会不由自主地皱起眉头。通过这些事情，我就觉得气度对女人的气质影响太大

了，没有气度的气质，就如空有一副华丽的皮囊，只是徒有其表。

有过一次印象极深的经历。几年前去市文化宫给侄女和她所在的舞蹈班化妆，她们在那里参加市元旦汇演。给孩子们化好妆后，我和老师及一些家长站在舞台边等着看节目，记得当时我边上站的是一位领导的老婆，她的孩子应该也来参加此次演出吧。正当大家翘首以待的时候，突然不知从哪儿冒出来一个维持秩序的男人，边凶巴巴地推了领导的老婆一下，边扯着大嗓门吼道："退后退后，都聋了吗？"当时我心里咯噔一下，心想，这男人也太没眼力见儿了吧。可是再看看领导的老婆，人家却毫无愠色，依然神情淡然，并且很自觉地退后两步站了。当时的我说不出的感动，觉得这个女人的气度真是了不得，即便是在大庭广众下丢了面子，也不气不恼，完全不和鲁莽的人计较。这时我身后的一个老师也发出同样的感慨说："瞧人家这气质，所以才做得了领导的夫人嘛！"当然，气度和身份其实没有多大关系，但气度可以抬高你的身份，这是毋庸置疑的。

身为女人，不管是在家庭还是社会生活中，都承担着多重责任和义务，所以精力极其有限。如果把这有限的精力花在与不相干或不值得的人和事锱铢必较上，无疑是不明智的。这一生，我们会与数不清的人有交集，难免受点委屈或被人指手画脚，如果总去较劲，生活也就真没什么乐趣了。不如在遇到不淑之人、不爽之事时一笑而过，宽宽自己的心，省得劳心淘神，日子也好过多了。

不都说女人是水做的吗？除了温柔似水，还应有水一样的品质，不管是被有意还是无意地搅浑了，也无须再起波澜，自己花点时间消化消化，澄清澄清，很快又清澈可人了。

Class 11 女人味，就是百味杂陈

女人味囊括种种，不一而足，但你真正需要的，是符合你特质的那一种。

若问何为女人味，恐怕连女人自己都对这一概念含糊不清，往往要通过第三者的视听来判定。所以人们常说，女人味不是嗅出来的，而是感觉出来的。论一个女人的味道，人们常从她的一笑一颦、一举一动中所流露出来的气质评定：或高贵优雅，或奔放热情，或狂野泼辣，或亲切随和；有时也从身段姿态中窥出一二：或丰腴性感，或纤细娇巧，或健壮沉稳；偶尔也从眉眼流光中探个究竟：或坚定果敢，或温暖明媚，或娇嗔内蕴，或纯真无邪……

朱自清先生曾有过这样一段对女人的描述：女人有她温柔的空气，如听箫声，如嗅玫瑰，如水似蜜，如烟似雾，笼罩着我们，她的一举步，一伸腰，一掠发，一转眼，都如蜜在流，水在荡……女人的微笑是半开的花朵，里面流溢着诗与画，还有无声的音乐。

这段话优美而精准地诠释了所谓的女人味：静若清池清澄安然，动若涟漪调皮悦动。所以，真正的女人味绝不是飞扬跋扈，不是喜怒形于色，不是哗众取宠，更不是肆无忌惮……总而言之，女人终归要有女人样，才可散发真正的女人味。

女人啊，千万不要以为只靠一堆名牌就能让你拥有女人味，它们只能虚饰你的外表。物质堆砌不出女人味，再多的奢侈品也只是你的外包装，它无法改变你骨子里浑然天成的气质。富有、漂亮的女人不一定有女人味，但有女人味的女人即使不富有，不漂亮，也能令人赏心悦目。

在此，我不会告诉大家作为一个女人，我们不可以怎样。

但我可以告诉大家的是：作为一个女人，我们应该怎样。

女人，要有自己的趣味。书法、茶道、花艺、音乐、瑜伽、读书……女人要学会修炼和提升自己，要乐于学习，要涉猎文史哲学，偶尔

还要去看看流行电影，不定期地四处游走，观摩这广阔无边的世界。

女人，要有自己的香味。这里所说的香味，并不指单纯的香水味，它还包括专属于女人自己的、由内而外散发出的迷人气息，这种气息因人而异，千人千味，最为独特。它让我们不论身处钢筋丛林还是山野乡间，都能保持个性，吸引他人。女人，要有自己的品位，要学会淡定、从容地面对生活，不盲从，不迷失，亦不患得患失。宁静淡泊的女人气质如兰，她们一贯化着淡妆，笑容可掬，语速适中，不急不缓，无论何时何地都能保持优雅自信。

女人，要有自己的韵味。不论是二八碧玉还是桃李年华，不论是花信之期抑或半老岁月，我们都不能失去柔情，不能忘了性别赋予我们的独特情怀。娇憨可爱也好，温柔妩媚也罢，若能做到永远保持本真，便可韵味悠长，耐人寻味。

女人，要有自己的清味。所谓清味，便是不事张扬，也无须寡淡，而是恰到好处。要知道，说话喋喋不休的女人看起来强势，做事风风火火的女人看起来热情，待人大大咧咧的女人让人感觉豪爽，但都与女人味不甚相投。所以，何不做个清新淡雅的女人，明眸善睐，笑看云卷云舒，垂首生媚态，扬眉好姿态，举手投足间总能令人怦然心动。

女人，要有自己的意味。尤其作为东方女人，得有东方的神韵和情调。就像那缓缓流淌的、动人心弦的古筝乐一般，既要有令人心旌荡漾的曲调及让人难以琢磨的音色，还要有润物细无声般的诱惑和层山难望断般的内涵，这就是女人独有的意味，带着只可意会不可言传的神秘感。

女人味囊括种种，不一而足，但你真正需要的，是符合你特质的那一种。静若清池也好，动如涟漪也罢，重要的是做你自己。

第 **4** 章

修 养

让人舒服，是一个人最大的修养

女人可以不漂亮，但一定要有修养。修养之美，
最是耐人寻味。它是阳春三月里，令人如沐春
风的感觉；是静好岁月中，一抹销魂的感动；
它让人舒服，令人流连。一个有修养的女人，
让那些走进你世界的人，不愿离去；让那些未
到达你世界的人，慕名而来。

Class 1 好印象，可不是只看脸

女人的优雅形象和魅力大多数时候都是通过社交活动得以体现的。

在一些大型的聚会活动中，人们的目光总是会被一两个美丽的"焦点"锁住，她们不一定是最年轻漂亮的，也未必是穿着最华贵的，但她们的魅力却能够折服所有人。

或许，你到现在依然不明白，为什么她们可以成为闪亮的美女，而你却默默无闻很少有人关注？甚至，你还会抱怨自己不是天生丽质，渴望去除身上各种各样的瑕疵。

其实，这些女人的魅力源于她们得体的举止，有涵养的谈吐，这是一种优雅的表现。

而女人的优雅形象和魅力大多数时候都是通过社交活动得以体现的。

在社交活动中，第一眼的印象至关重要，如果第一次见面你就给对方留下了不好的印象，那么之后你若想让对方对你抱有好感，将是非常难的事情。

第一印象会影响到我们在别人心目中的形象和定位，如果不想因为初次见面就丧失好感，继而影响到后面的正常交往或合作，我们就要非常注意，怎么才能在第一时间给对方留下一个好印象。

第一，时间观念

现在的人都会注意把自己收拾利索整洁出门，但是经常会把握

不好时间，尤其是一线城市，交通拥堵是个永远不变的话题，但是我们完全可以把这个问题解决，提前啊。如果你真的很有诚意地交涉，那么初次见面，一定要比对方早到一点点。一个比自己先到约会地点的人，一般人都不会讨厌，这既是对对方的尊重，也是给他初步的一点点心理压力："他比我先到，他比我重视，所以我有点不好意思。"事实证明，为了弥补自己的一点点愧疚感，接下来你的要求，他会更容易答应。

第二，你的微笑

比起任何高档的化妆品或者名牌服饰，微笑会更加动人，没有人会喜欢跟一个冷若冰霜的人打交道，尤其是一个女人，若是很少笑，会给人饱经风霜的年老感，觉得你很不好亲近。微笑也是很讲究的，不是皮笑肉不笑的虚伪。有些人虽然笑得很漂亮，但笑得让人不舒适。初次见面，要笑得敞亮，要笑得通透，要笑得光明磊落。既不能让人感受到心理上的负累感，又要让对方觉得你对他没有过多的要求。唯此他才能放下心来接纳你。

第三，你的眼神

眼睛是我们的第二张嘴，甚至比我们真正的嘴更诚实，因为它可以表达太多语言所不能及的含义。初次见面，人与人相对而视时，先把视线移开的人是强势的人。人都有这样的心理惯性：专注的眼神代表的是一种心理认同感，突然转开视线，便意味着打断了这种认同感。对方马上会感受到一种心理上的压迫感，进而会想"他是不是对我的话不感兴趣了"。

而聪明的女人，总是善于利用视线来控制局面。和人对话的时候，为了表示专注和尊重，不要左顾右盼，最好把我们的眼睛专注到对方脸上，遇上不想回答或者不知道该如何回答的话时，我们可以看着对方笑而不语。当然，视线相交的时间也不宜过长，时间过长便有"引诱"或"挑衅"之嫌了。

第四，记住对方的名字

安德鲁·卡耐基曾经说过："一个人的姓名是他自己最熟悉、最甜美、最妙不可言的声音，在交际中最明显、最简单、最重要、最能得到好感的方法，就是记住人家的名字。"很多人都会在意自己在对方眼里的形象，如果人家几次提到自己的名字或者家乡之类，一定要留个心眼，记住这些信息，别人会因为你的留心而感到荣幸和快乐，因为他觉得你在用心地倾听自己。有时候要记住一个人的名字真是难，尤其当它不太好念时。但是这种时候，花点心思，会有意想不到的效果。一位著名的推销员拜访了一个名字非常难念的顾客。他叫尼古得·玛斯帕·帕都拉斯。别人都只叫他"尼克"。这位推销员在拜访他之前，特别用心念了几遍他的名字。当这位推销员用全名称呼他："早安，尼古得·玛斯帕·帕都拉斯先生"时，他呆住了。过了几分钟，他都没有答话。最后，眼泪滚下他的双颊，他说："先生，我在这个国家十五年了，从没有一个人会试着用我真正的名字来称呼我。"可想而知，这位推销员在初次见面时，就已经获得了成功。在很多回忆录之类的书籍中，我们都会读到类似的话："她还是老样子，和我第一次见到她的时候一样……"你或许会觉得很奇怪是不是？一个人几年、十几年怎么可能一成不变呢？其实，不是对方依然如故，只是因为她给人留下的第一印象太深刻了，没有随着时间的流逝而改变。所以，女人能够改变自己的衣装，改变自己的妆容，但我们留给对方的第一印象，却像是持久挥发不去的味道，弥漫在周身。

Class 2 有趣的灵魂百里挑一

你可能没有出众的样貌，没有性感的身材，但是开朗幽默大度的性格，一样是让人无法拒绝的魅力。

所谓幽默，是指有趣、可笑且意味深长的语言或故事。幽默较之于笑话的更高明之处在于意味深长。幽默是一种含蓄、一种稳重，更需要高品位的修养。

幽默的谈吐在我们的社交中具有神奇的力量，而一个幽默风趣的女性往往也会更受人欢迎。

一次长途旅行中，一位30岁左右的小伙子把大巴车拦住，一口气往车上搬了十多个纸箱，一看就知道是做生意办货的。

小伙子搬完箱子，汗水淋淋。车辆继续行驶时，他身边座位上一个中年妇女说话了："大兄弟，你不觉得硌脚吗？"小伙子这才发现，自己一直踩在人家脚上呢。

他立刻挪开脚，笑道："嘿嘿，我还以为这车上铺地毯了呢。"

"哟，瞧这话说的，你们家地毯是肉做的啊？"

"对不起了，我来把'地毯'擦干净吧。"

小伙子说着掏出纸巾，要帮妇女擦鞋。妇女笑着躲开，一车人忍俊不禁。

粗看此二人都够"贫"的，其实，他们有意无意间，以轻松、幽默的调侃，化解了一场陌路人之间的干戈。同样是踩脚"事件"，很有可能是另外一个画风：妇女破口大骂："你走路咋不长点眼睛？瞎了啊？""我脚上倒是长了鸡眼，踩脚又没踩你尾巴，嚷什么……"这样的话语恐怕更为常见。

你可能没有出众的样貌，没有性感的身材，但是开朗幽默大度的性格，一样是让人无法拒绝的魅力。

《辞海》上这样解释："在善意的微笑中，揭露生活中的乖讹和不通情理之处。"

优雅的女人，懂得用幽默来化解生活中的尴尬和不通情理。但是生活中很多人不小心就幽默过头，把嘴欠当聪明，还自以为非常有幽默感，这是非常需要警惕的。

幽默是一种高情商的体现，它来自一个人的学识、经历、生活态度、思维方式等等，跟幽默的人在一起总是舒心快乐的。

但是身边还有一种另类的"黑色幽默"，专门以伤害别人来获得存在感。这种，叫刻薄。

比如有个朋友新买了裙子去上班，跟某个明星同款，所有人都围着她美滋滋地夸赞。这个时候突然有个人围上来，笑嘻嘻地说：同款是同款，就是形状有点不一样啊！人家叫惊艳，你这是惊悚！这个时候气氛突变，大家怎么也高兴不起来了。

很多时候，一些人的自嘲，仅仅是一种幽默或者自我开脱，不代表他们内心真的认同或者释然，别说反讽了，就是附和都是一种罪过啊！

真性情和伪幽默是两回事。女人的幽默不同于男人，它更多的是源自女性对生活的感悟和理解，是一点一滴的生活智慧之光，是一种超越机智的处世原则，是一种豁达睿智的人生态度。

所以，把握好幽默的尺度，也是一个优雅的女人该有的修炼。

那么怎么把握好这个尺度呢？

1. 直爽并不等于言语毫无顾忌

直率是一种美德，有时候也是一种幽默，但是很讲究方式，有时候的直言直语就是不会说话。只图一时之快，不讲方式方法就很容易得罪人。比如批评别人，虽然你心地坦白，毫无恶意，但因为没有考虑到场合，使被批评者下不了台，面子上过不去，一时难以接受，对方的自尊心被伤害，当然会对你有意见。

2. 见人宜说三分话

很多喜欢贫嘴的人，见谁都自来熟，什么玩笑都喜欢开，把自己当成说相声的，要知道并不是每个人都喜欢你这种说话方式。说话小心些，为人谨慎些，使自己置身于进可攻、退可守的有利位置，牢牢地把握人生的主动权，无疑是有益的。一个毫无城府、喋喋不休的女人，会显得浅薄俗气、缺乏涵养而不受欢迎。西方有句谚语说得好：上帝之所以给人一个嘴巴、两只耳朵，就是要人多听少说。

3. 千万不能口无遮拦

打击别人的弱点来彰显自己的优势，这是最不道德的一种哗众取宠的做法，尤其是在人多的场合，哪怕彼此之间是很熟悉的朋友了，也不要拿两个人之间的一些隐秘事情当作谈资，尤其是不要探问别人的隐私，不能当众揭对方的隐私和错处；不能故意渲染和张扬对方的错误；要给对方留点余地；不能强人所难；说话一定要讲究时机。

4. 很好的话题也要适可而止

不要永远把自己当作舞台的亮点，懂得上台的艺术，亦要懂得适当的时机退出舞台。即使一个很好的题材，说时也要适可而止，不可拖得太长，否则会令人疲倦，若不能引发对方发言，或必须仍由你支撑局面，就要另找新鲜题材，如此才能把对方的兴趣维持下去。

5. 多多读书，忌浅薄无知

任何幽默，都抵不过见多识广的优点，在这个世界上，全新的事物真是太少了，每个时代的每一个人都得自愿或不自愿地捡起前人的衣钵，即使是伟大的演说家，也要借助阅读的灵感。

Class 3 懂得欣赏别人，才会被别人欣赏

欣赏别人，会产生一种奇妙而强大的力量。

优雅，因欣赏而美丽

欣赏别人是一门学问，也是一种襟怀，更是一门艺术，正因为这样，欣赏他人就成为一件不容易的事。平时生活中，大部分都可以自如地做到自我欣赏，看到和肯定自己的一些优点和长处。

这固然是好的，但是欣赏别人也同样重要。因为欣赏别人与自我欣赏会产生两种不同的结局，欣赏别人的人会汲取别人的优点和长处，会不断进步。而自我欣赏的人会一直沉浸在自己的圈子里不能自拔，自然无法进步。

真正做到欣赏别人，才能成就优雅美丽的自己。有一个盲人打灯笼的故事：一个盲人在夜间走路，总是打着灯笼。旁人窃笑不已，问他：你走路打灯笼，岂不是白费蜡烛？盲人正色答道：不是，我打灯是为别人照亮的，别人看见了我，就不会碰到我了。照亮别人就是照亮自己，懂得欣赏别人，自己才可能被人欣赏。

欣赏别人，会产生一种奇妙而强大的力量

1852 年秋天，屠格涅夫在打猎时无意间捡到一本皱巴巴的《现代人》杂志。他随手翻了几页，竟被一篇题名为《童年》的小说所吸引。作者是一个初出茅庐的无名小辈，但屠格涅夫却十分欣赏，钟爱有加。屠格涅夫四处打听作者的住处，最后得知作者是由姑母一手抚养照顾长大的。屠格涅夫找到了作者的姑母，表达他对作者的欣赏与肯定。姑母很快就写信告诉自己的侄儿："你的第一篇小说在瓦列里扬引起了很大的轰动，大名鼎鼎、写《猎人笔记》的作家屠格涅夫逢人便称赞你。他说：'这位青年人如果能继续写下去，他的前途一定不可限量！'"

作者收到姑母的信后欣喜若狂，他本是因为生活的苦闷而信笔涂鸦打发心中的寂寥，由于名家屠格涅夫的欣赏，一下子点燃了心中的火焰，找回了自信和人生的价值，于是一发而不可收地写了下去，最终成为具有世界声誉和世界意义的艺术家和思想家。

他就是列夫·托尔斯泰。

渴望得到欣赏是我们每一个人的本性。当你学会真诚地欣赏别人之时，我们便有了一双发现别人价值的眼睛，就会少了很多对世人的苛责和不满，这本身就是一种成长，它会使我们得到别人更多的欣赏。

欣赏别人，会促使自己进步

古希腊有一名谚语：每滴水里都藏着一个太阳。寓意是每个人都有他的优点，都有值得为他人所学习的长处。每个人都有向往美好的心，而这种向往会促使我们发现美，学习美。

比如你欣赏某一位同事平时说话温和，待人温柔，性情稳定，就会对照自己平时生活中说话太大声，情绪起伏较大，你就会尝试改变自己，学习他人这种娴静稳重的优点。

欣赏别人的同时，往往也是在提升自己的本领。

工作中，别人比你更优秀，也许你会嫉妒；别人比你能力更强，也许你会愤怒，但是这种情绪并不能真正使我们进步和成长。

只有欣赏才会使我们有真正的成长。当我们发自内心地去欣赏和肯定别人时，我们就会开始虚心向那些优秀的人学习，主动欣赏他们的长处，然后用他们的长处来弥补自身的不足，这样的女人才会不断进步，从而变得更加优秀。

欣赏别人，会减少敌意

任何嫉妒、仇恨、抱怨和看不惯全部来自敌意，而人们这种敌意往往源于用主观色彩、个体经验判断问题，当学会用欣赏的心态去看待事物时，就需要我们过滤敌意，跳出旧有模式看待问题。优雅的女人都有一颗善良的心，而善意才是欣赏、赞美别人的源泉。

欣赏别人，也是一种尊重

所有的欣赏都必须遵循"己所欲之，厚施于人"的为人之道。欣赏别人是一种豁达、大度。俗话说得好：海纳百川，有容乃大。要学会尊重和宽容别人，只有对别人尊重和宽容，才能学会欣赏别人，才能在别人的身上看到长处和优点，才能从别人的长处和优点当中品味到美。

欣赏别人的美，不仅是穿戴打扮外在的美，而且更重要的是欣赏一个人的内在美，内在美是美中的精华，是欣赏中的享受，别人的美和自己的美相比，从中能感悟到自己的不足和缺陷，自己才能不断地加以修养，来提升自己的人生品位、提高自己的情商。

人只有学会欣赏他人，才能懂得欣赏自己，欣赏别人是一种人格修养、一种气质提升，是自身素质的具体体现，是女人逐渐走向完美、走向成熟、走向成功，走向优雅的阶梯。

Class 4 你一开口，就暴露了情商

不管你们的关系多么亲密，维护别人的尊严都是一种最基本的礼仪。

很多客户在第一次见面之后都会好奇地对我说，小薇老师，你跟我想象中很不一样啊！我一直以为像你这样的导师应该是能言善辩的，可是见了你之后，我反倒觉得你不多言不多语，给人感觉很安静，但又不是那种高傲的感觉。对此，我总是笑笑，也不解释。其实我也有话多的时候，那就是身为讲师站在讲坛上。一个讲师若寡言，必是在职业素养上有所欠缺的。可是，当我走下讲坛，走到平常的生活和日常的交际中时，我就会特别注意自己的言谈举止。中国不是有句古话吗，叫作"言多必失"。人的本事大小，不在于你话多话少，而是是否把话说到点子上了，当然，还有就是"有理不在声高"。人有时候不小心犯了错或得罪了人，并不一定就是他做了什么违反道德的事，而是在言语上让人不舒服了。这种使他人心理上产生不适感的无意间行为，往往更容易伤害对方的自尊、荣誉等，而它随之带来的后果比想象中严重。那么，怎么避免在说话时得罪人了呢？很简单啊，尽量闭嘴。

青春年少的时候，我也曾有过"咋咋呼呼"的历史。不但喜欢辩解，还喜欢揭穿别人的伪装，总觉得自己的据理力争或直言不讳都是为了维护所谓的"真理"。后来才发现，不管是老师还是领导，都不会因为你义正词严地"捍卫真理"而对你刮目相看，相反，他甚至不那么与你亲近。我那时候涉世未深，总是想不明白自己"直爽"的性格为什么在别人眼中就不可爱了呢？直到后来自己也吸引了些相同性格的人到身边，才发现有时候话多真是百害而无一利的。遇到性格安静的人，话多就是聒噪；遇到自尊心强的人，话多很容易戳中别人的敏感地带；遇到好胜的人，话多就是一种压制，是一种居心不良的抢风头；遇到智慧的人，话多就是愚者的虚张声势，或

者是一种掩饰……我记得自己有勇气站上讲坛不久，和一个朋友在外面办事时，无意中遇到一位听过我讲课的女性。对方上前和我寒暄几句，末了礼貌性地说，小薇老师，你这么年轻就有胆识站在几百人的讲台上开讲，真的很令我佩服，我都跟我好多朋友介绍你的课程了呢，以后你的听众会越来越多。我正想开口，我身边的急性子朋友便抢着替我回答了："哎呀，你不知道她最初紧张成什么样子，都打了好多次退堂鼓呢！那第一次上台，都不知道在下面练了多少遍，连我都把她的演讲内容记住了，她还没记顺溜呢！"她的一番傻大姐式的直白之语，瞬间令我石化了。我承认，她说的话没有一点夸张，但是，在这样的场合，以如此"坦率"的方式陈述事实，真的好吗？自从我发现朋友这"可怕"的一面之后，便害怕和她一起出门了。我想说的是，不是我虚荣，而是每个人都有与其身份相对应的尊严，不管你们的关系多么亲密，维护别人的尊严都是一种最基本的礼仪。

在我所接触的人中，最让我佩服的，是那些说话很有分寸的人，在人多的场合，你几乎很少看到她们高谈阔论，但即便如此，也丝毫不影响她们的气质，你不知道，那种无声的气场是最有震慑力的，而且神秘又优雅。而私底下，她们说话也不会百无禁忌，而是懂得分场合地发表观点。而更多的时候，你会发现她们善于倾听，而少于发声。这样的人，你以为她们真的是沉默少言吗？或者说，你以为她们是缺乏交际能力吗？错。她们只是多思慎言而已。她们一般会在关键时刻发关键语，一下子就说到点子上了，把旁人那一大堆废话瞬间秒杀。

关于说话，墨子有过一段精彩的理论，他说："话说多了，并没有好处。你看池塘里的青蛙，夜以继日地叫个不停，但有谁会去注意它呢？而雄鸡每天只在天将亮时报晓，且只叫两三遍，可是人们就跟听到号令一样，立刻就注意到了。这就说明，话不在多，要有用才行，废话尽量少说。"

有句话说得好，"看穿但不说穿"。这其中除了包含说话的技巧，还有处世的智慧。很多事，我们何必去把它挑明呢，不但对他人不利，对自己也没有什么好处啊！女性都偏向于喜欢绅士，对所谓的"绅士风度"青睐有加，而反过来也是这个道理，身为女性，也该有这样的风度才行啊！当然，人长着一张嘴，除了吃喝，肯定是要说话的啊！那要怎样说话才好呢？借用我甚为赞同的观点：要说自己经历过的感慨之语；要说心灵深处的衷心之语；要说自己有把握的话；要说能警诫他人的话；要说能教育他人的话；要说能温暖他人的话；要说能使人排忧解难的话。反过来，就是少说言不由衷的话、伤感情伤自尊的话、无中生有的话、恶言恶语的话，还有就是忌说粗言秽语。以我个人的经验，光是学会说什么样的话还不够，还得注意说话的内容、意义、措辞、声音和姿势等，不要嫌麻烦，要知道，气质可不是一日练成的哦！

Class 5 低调的"贵族"，人见人爱

气质淑女永远不用去刻意证明什么，因为她的一言一行就能透露出她的风雅和格调。

有句话怎么说来着？"一个人越炫耀什么，证明她越缺少什么。"我年轻的时候也迷亦舒，而且最初就是被她《圆舞》里那句"真正有气质的淑女，从不炫耀她所拥有的一切，她不告诉别人她读过什么书，去过什么地方，有多少件衣服，买过什么珠宝，因为她没有自卑感"而打动的。原来气质淑女永远不用去刻意证明什么，因为她的一言一行就能透露出她的风雅和格调。

曾经心血来潮问过老公，最讨厌什么样的女人？原本以为他会故作绅士状，含糊其词地敷衍我，毕竟一个大男人讲女人的"坏话"总归是不好的。可是没想到这男人想也不想地回答我说，这世上两种女人最可怕，一种是话多，爱八卦的女人；还有一种就是爱炫耀和显摆的女人。说话间还一副愤愤然的样子，好像曾经深受其害似的。说实在的，我没想到老公的观点竟和我的不谋而合。我的工作注定要在外面抛头露面，和各种各样的人打交道，照理说久经沙场，也能"运筹帷幄"了，但我还真对一些"高调"的女士头疼不已，束手无策。

举个例子。有时候遇到三五个女顾客结伴前来找我做个人形象设计，当我根据她们各自的情况给出一套科学可行的形象方案后，她们又会请我推荐一些适合她们的配饰或者服装品牌。而每当我给出建议时，要么是当事人，要么是旁边的人，反正总有那么一两个人，会不断质疑或者贬斥我所推荐的东西，一副无所不知的样子。每到这时候，一向沉着冷静的我都忍不住要抓狂，你什么都懂，干脆来干这一行得了，还找我做什么呢？当然，不是我容不得别人反对自己的意思，而是觉得自己颇不受尊重，最重要的是，从她的话里可以感觉出，她连半吊子都算不上啊，充其量就是展示一下她的"强

大的名牌信息量"罢了。这样的人，真心不受人待见。而我为她服务的热情，自然也就降了下来。

不可否认，言行高调的人，有时候只是为了刷存在感，吸引别人的注意力。特别是女人，都有点无可厚非的虚荣心，都希望别人关注或围观自己的幸福，并以此获得满足感。殊不知，站得越高，越容易暴露，也更容易成为他人的谈资。试想，人无完人，身为凡人都会有点无伤大雅的"小把柄"，本来别人也不会拿你这短处说事，可谁叫你整天要站在风口浪尖呢？自然而然就被别人动不动拿出来作为话题了，而且谁都知道，当"靶子"的滋味可并不好受。我们看当下的明星效应就是这个理，那些平日里爱出点小风头，争着上新闻首页的，一旦生活中有个风吹草动，特别是负面消息，都会被媒体和大众添油加醋、各种夸大歪曲地炒得沸沸扬扬，这时候想要回归宁静也就难了。所以，做人能低调就低调点，你拥有什么，即使不说，拥有的始终拥有；你说了，也就还是那点儿拥有。而现实是，别人不一定乐于见到你拥有种种的现状，反倒会觉得你这个人太作，太爱现，不适合深交，唯恐你哪天把她（他）的私人秘密也昭告天下。所以，低调才是一种为人处世的智慧，它可以避免你为自己树敌，也能使你在生活突起波澜而不愿为人所知时保护自己的隐私。

女性从属性来讲，是属静的，这也是我们这个性别的本质。你也许会说，小薇老师你怎么也有"男尊女卑"的思想啊！我在此申明，我可是永远站在男女平等这个立场上的哈！但是，不管时代如何改变，不管女人"顶半边天"还是"女汉子"横行，我们都不能忘了女为阴男为阳的事实。女人不管其身份角色如何，她都应该是柔的，是向下的，有那么点"柔顺"的意思，而男人则为刚，是向上的。柔性的女人，就不要太张扬了，因为这与你的自身属性相悖，一旦张度太大，就会使你的性别和你的行为有违和感，自然也就得不到大众的审美的赞同。

言归正传，低调的女人该是什么样的呢？我认为吧，就是凡事不要太刻意去展示去外现。如果你富有，那就好好享用，不必告诉别人，除非你有意让他人分得一杯羹；如果你有能力，那么好吧，默默把事做好就行，不必锋芒太露，更无须积极邀功，别人看出来比你说出来更有说服力；如果你漂亮，那好吧，更无须去炫耀你的脸蛋你的身材，大家的眼神都很毒的好吗？有一句广告词不是叫"低调的奢华"吗？值得女人好好玩味。

Class 6 不卑不亢的女子，花见花开

一个内心美好、不自视清高的人，她会自然而然带有一种气场，令人赏心悦目，心悦诚服。

很多客户与我相熟后，都喜欢对我说，小薇老师，我看你是先天条件比较好，要脸蛋有脸蛋，要身材有身材，要气质有气质，所以走到哪里都是焦点。可我资质这么差……每当这时候，我便会笑着指出她们的一些自身优势，告诉她们每个人都可以修炼出自己的独特气质，"只有懒女人，没有丑女人"是经过血泪总结出的真知灼见，从而帮她们拾起一些自信。最后，她们都会开心地说，小薇老师，你不但人长得好，还没有架子，跟着你学习，感觉一点儿压力也没有。我在心里也乐了，是啊，这就是我想要的效果，也是我喜欢的效果。作为一个气质女人，不是让人觉得高高在上，而是觉得既美好又让人忍不住想要亲近。

记得多年前，一位很聊得来的老顾客想要把她的侄女介绍给我当学生，我很痛快地答应了。可是这位顾客后来又犹豫了，说她的侄女生长在乡下，长得也不漂亮，怕我嫌弃。我说没事，替人做形象设计不正是我的专长吗？后来那女孩被领来了，果然不怎么好看，还很乡土。女孩就进门的时候瞟了我一眼，便再也不敢抬头，无论我怎么和她说话，她都只嘤咛两句算是回应我，反正就是不看我。我很有耐性地问她，是不是打心眼里不想跟着我学习。她忙把脑袋摇得像个拨浪鼓。我说，那你连理都不理我，我怎么教你呢？我们怎么相处呢？她便涨红了脸，半天挤出一句："我怕。"我很意外，便问她怕什么？她说："怕被你嘲笑。"我一下子就明白了，原来这孩子有些自卑，又很自尊，看到这么一个"光鲜亮丽"的老师，便不由得望而生畏了。我于是安慰她说，我很能理解你，因为在你身上能看到我曾经的影子呢！女孩一听，第一反应是抬起头来吃惊地看我。我望着她的眼睛，肯定地点点头，她便娇羞地笑了。此后，

女孩放下最初的胆怯，一直坚定地跟着我，直到完成了她自身的蜕变。多年过去，她总会充满感激地对我说，小薇老师，你真是我见过最有气质的女人。我便打趣道，这还用你说。她马上正色道，因为你和别人的气质不大一样，你是一个虚怀若谷的人，从来不会看不起人，也不嫌弃人，跟你相处久了，甚至会忽略你出色的外表而被你的内在深深吸引。听了她的话，我真的很感动，我何德何能，居然受了别人这么大的赞誉！但是这件事也让我总结出一个道理，那就是很多时候我们都容易走入一个误区，认为气质女人应该给人一种距离感，如果太随和就会降低了格调。但我认为，高冷不是气质，随和却是素质，气质是修于内形于外。一个内心美好、不自视清高的人，她会自然而然带有一种气场，令人赏心悦目，心悦诚服。

我也接待过一些脾气暴躁、目空一切的"气质女"，短暂的接触下来便会心生反感，只能说她们外在形象过关，综合魅力却难以及格，让人不想再打交道。这样的女人，看着像艺术品，但一点也经不起推敲，了解其为人处世后，便会觉得其外在的风光都如同赝品表面的涂釉。

当然，要想做气质女人，也不能走入另一个极端，就是过分谦卑。谦卑本身是美德，但过度就会适得其反。我们知道，女人都很敏感，其实也就是情感比较丰富，极易在比较中产生心理落差，比如觉得谁谁谁比我漂亮啊，事业比我有成啊，家境比我好啊，老公比我的有钱啊等等，从而产生己不如人的自卑心理，这将直接影响我们在与人交往时的风度和气场。要知道，落落大方的气质，必须要有强大的自信心支撑才行。

总之，不管你有多少傲人的资本，都不要把颐指气使变成习惯，不耐、不屑、不满通通不要来，还有那些小小的不安，也要适当地隐藏，做个不卑不亢的女子就好，因为只有虚怀若谷，才能气质如兰，值得品赏。

Class 7　有多洒脱，就有多"糊涂"

活得糊涂的人，容易幸福；活得清醒的人，容易烦恼。

我一直提倡女人应该活得精致一点，但在这里，我也奉劝大家能活得糊涂一些。有人可能立刻就犯狐疑了，这不是自相矛盾吗？呵呵，不矛盾。我说的精致，是说在吃穿用度上，如果条件允许，就不要亏待自己了，而且就算条件不允许，也可以走简朴的精致路线，这才是我们身为女人应该持有的生活态度。而我说的要活得糊涂一点呢，是指的精神方面，是针对为人处世来说的。

"活得糊涂的人，容易幸福；活得清醒的人，容易烦恼。""越聪明的女人活得越累，越糊涂的女人活得越轻松。"大家想想，是不是这么回事呢？如果想不通，我按我自己的理解来解释一下，就是：清醒的人看万事万物看得太清，所以更容易较真，也更执着于水落石出，于是遍地是烦恼；而糊涂的人不喜欢寻根究底，很多有可能存在的糟糕的真相也就囫囵过去了，所以她计较得少，她在精神上便没有什么负担，所以活得更轻松。你可能觉得后者是不是有些太简单粗糙了，可人家却能觅得人生的大滋味呀！

人活在世上，哪能事事如意？如果每件事都势必要弄明白，岂不是得花费莫大的精力？而且更重要的是，很多事你即使弄明白了，对你也不一定有利，你说你又是何苦呢？所以，在一些无关紧要的小事或者是无伤大雅的琐事上，我们就得过且过好了。你要这样想，即使弄明白了，我也不能改变什么，说不定还给自己添堵呢，有什么意义呢？就拿我们日常的一些生活小片段来说吧。我们有时候在站台排队等车，或者排队购物，是不是偶尔会遇到一两个插队的人呢？这时候要上去跟人理论吗？把插队的人拉出来接受群众的审判？如果你能做到心平气和地上前和对方交涉，并有把握说服对方心悦诚服地接受你的意见，那好，没问题啊，公共场合维持秩序是正义的行为，这个值得褒奖。可是，我们的女性同胞大多不会真的在公众场合抛头露面地和人有正面冲突，但她却会在队伍里心怀怨念。她会因为对方的插队行为而义愤填膺，在心里喋喋不休地暗骂，甚至在情绪上变得焦躁不安，总觉得心理不平衡啊，我这么辛苦在排着队，这个人怎么能明目张胆走捷径呢？越想越觉得来气，好像那个插队的人是针对自己，专门来抢自己的位子呢！其实这时候，我们大可不必气恼，糊涂一点就好啦。你可以这样想，这个人应该有什么要紧的事吧，他插队一定情有可原；你也可以这样想，这个人也太没素质了，我怎么能和没素质的人较劲呢，岂不是降低了我的格调；你还可以这样想，他抢的是大家的位子，可别人似乎也都无动于衷呀，我又何必小气；当然，最明智的是，你尽可以直接忽视对方的插队行为啊，因为你并没有要紧到必须争分夺秒就要完成的事……这就是小事糊涂点，为的是不给自己无端添堵。我还遇到过这样一件有趣的事。一位相熟的女顾客有次跟团去游了新马泰，回来后可兴奋了，说自己玩得嗨极了，最后的总结是不虚此行。我们也被她的兴奋劲给感染了，都说下次也试试去。结果没过两天，人家见人就抱怨起来，说自己的新马泰之行被坑了。一问，原来是有朋友告诉她，别的旅行社比她走的那个价格更便宜，行程还多了一天；也有人告诉她，哪个哪个旅行社提供的入住酒店更高级，也是差不多的价格……她听了这些，只觉自己上当受骗了，于是很不甘心，便上网去搜索新马泰的各类团游信息，结果越搜越气愤，原来很多旅行公司都比她选择的那家性价比高。她一边诅咒"骗"了她的旅行社，一边又不能原谅自己当初轻率的选择，用她自己的话说，是脑子进了水。其实作为旁人，我们觉得没必要这么较真啊。你当初做出的选择，肯定是在你的经济承受范围内的，也就是说，你根本没想过在钱上纠结，既然不差那点钱，事后就更没必要计较了。还有就是，你不是玩得很开心吗，这就够了啊，你若参加了别的旅行团，虽然花了更少的钱，或者入住了更好的酒店，也不一定就能玩得这么畅快啊。所以，根本没有必要因为别人的信息干扰就去盘根究底，你挖出的信息量越大，对自己似乎越不利啊。还有就是，反正你钱也花了，玩也玩了，要真是认为被"骗"了，亏了，也只有认栽了，因为已经无力回天了呀！所以，管别人说什么呢，糊涂一点不就行了，把此次旅行当作人生中一次美好的回忆，不也挺值的吗？

我从业以来，被欺骗过，被打压过，这是不争的事实。虽然那时候还没有现在这般的彻悟，还不懂得"糊涂即聪明"的道理，但总觉得不能老是和那些与自己过不去的人和事较真，因为时间久了自己即使不被逼疯也会被同化，那不就得不偿失了吗？还有就是，那时候觉得自己有更重要的事要做，没必要把时间浪费在这些"又不会死人"的事情上。对我来说，我一直感激曾经的自己，感激当初的那份随意的豁达，因为它让我觉得，我当时的做法是对的，而且它练就了我沉稳的气质和强悍的抗压能力。我已然忘记那时的自己是真糊涂还是假糊涂，但我因为那份"糊涂"而拥有了快意的人生，为此我无尽地感恩。

其实作为女人，似乎都有个通病，就是喜欢在两性关系上较真。所谓"眼里容不得沙子"，我觉得就是女人在对待男女关系时的真实态度。一些原本在待人接物上很大度的女人，一旦遇到男女问题，还是会"小家子气"，用形象点的比喻，就是喜欢捕风捉影。不管是衣服上若有若无的香水味也好，还是突然"频繁"的应酬晚归也好，抑或一反常态的大献殷勤也罢，都能勾起女人的无限联想，当然，都是些可怕的想象。由此导致的结果是什么呢？要么表面装疯卖傻，但暗里各种偷看、跟踪；要么阴阳怪气，明嘲暗讽；要么大发雷霆，从此事事针对，处处为难，搞得家里鸡犬不宁；要么什么也不做，就在心里各种瞎想瞎猜，生气、恐惧，魂不守舍，夜不能寐……我觉得呢，如果事情没有到一目了然的地步，大可以忽略它，如果你信任他，那么就选择一如既往地相信啊，因为相信他就是相信你自己；如果他本身就不值得信任，那么，你再纠结气恼又有什么用，因为你无法改变他，而且谁叫你从一开始就选择了一个无法信任的人呢，根儿不在你那里吗？如果真的失去，也有失去的理由和失去的好处啊。我始终相信，凡事自会有结果，如果你无法改变，就不要做无谓的事，静等结果好了，中间的各种伤神都是自伤。糊涂一点，心便不会再累。

　　女人啊，有时候犯点傻吃点亏是很必要的，要知道，所谓糊涂，不是拙笨，而是气度，比起那些自以为聪明又总是折磨自己的女人，糊涂的女人难道不是活得更洒脱帅气吗？

Class 8 心直口快不都是优点，也是缺心眼

我们每个人的内心固然都喜欢听真话，但是我们的耳朵却很排斥这种不带任何艺术加工的"粗糙直"。

圈子里有那么一个女人，以"直"著称。她每每在人前想发表点什么观点时，都要先来句"我这人说话有点直哈，我不喜欢拐弯抹角"的申明。她可能觉得这句提醒"直"得很可爱，而接下来的"畅所欲言"也理所当然会被人接受认同。但是，即便我们每次被事先打了预防针，最后还是会被她接下来的直言直语雷到无言以对。她其实错了，我们每个人的内心固然都喜欢听真话，但是我们的耳朵却很排斥这种不带任何艺术加工的"粗糙直"。

坦率的性格其实挺招人喜欢，因为坦率的实质是真诚。但是，坦率并不代表直来直去，它也不能为你伤害别人的尊严开脱。如果你只图口舌之快而大放阙词，让听者不舒服甚至厌恶，那么对不起，你不是太直，你是情商太低。尤其是当这种失误发生在女人身上时，她几乎就会被人贴上没有素质的标签。你想啊，都没有素质了，还谈什么气质呢？

青春期的我也不大会说话，但不是对谁都很直接，而是分人。怎么说呢，那时候是有点少不更事，对亲近的人是什么话都能冲口而出，尤其是对父母。当然，父母对子女的包容心是世界第一，所以他们也不会和我计较，但总会善意地提醒，叫我在外面说话要注意分寸，不要任性。后来有了男朋友，最开始是紧张得口拙，不知道怎么说话就干脆不说，到后来关系近了些，便也像对待家人那样随心所欲了。一直没意识到这是个问题，直到后来我的朋友悄悄跟我说，你男朋友对你可真包容啊，你看你说话这么直，他都不跟你翻脸。回来我就问男朋友，有没有觉得我说话太直。结果人家也很直地就承认了，还打趣道：还是很怀念最初的你，嘴笨笨的，半天憋不出两个字的样子好可爱。哪像现在，对我是无的放矢，都不管

我有没有面子，有时候真是有气没处撒啊，因为知道你是有口无心嘛，也懒得计较。我能听出他话语里的无奈，纵然是自己爱的人，也难免被对方的言语所伤。从那以后，我在说话时便格外注意，不管是对家人、爱人还是深交的朋友，都会稍加思索，把要说的话事先过滤一遍，方的话压圆一点再吐出来，而且大家也都感受到了我的变化，说这样的我变得更成熟更有魅力了。从自己的经历中，我就总结出来，真话固然要说出来才好，但怎么说，是个技术问题。如果能让别人听到好听的真话，又何必讲了真话又伤了人呢？

有人会说，我就这性格啊，怎么破？可我还是那句话，这跟性格关系不大，而是你的情商真的有待提高。如果你一贯是个心直口快的人，不妨仔细回想一下，是不是自己每次说的话都能得到别人的认可？换句话说，就是你说话可有分量？"片言之误，可以启万口之识。"其实，要避免话语伤人真的不难，只需你在开口之前能先替倾听者考虑一下就可以了。我们不管在什么场合与人交谈，特别是当涉及谈话人的某个弱点或缺点的时候，更不能把话说得太直。将心比心，你也更喜欢接受赞许和夸奖而无法接受批评和指责对不对？所以换位思考，真话可以说出来，但尽量选择适当的语言委婉地说。这样一来，不但不会伤了对方的自尊，说不定还能够得到对方的尊重，因为他会觉得你这个人对我是真心，而且又顾及了我的面子，是值得信赖的。

通过平时的观察，我把容易犯"直肠子病"的女性称为傻人姐类型。她们做人其实没什么心眼，有时候甚至热心过头，但最大的缺点就是喜欢直言快语，有一说一，说话几乎不加修饰，赤裸裸地爱恨。但是这样的人呢，不管她身份多么高贵，长相多么柔美，你都无法把优雅之名冠在她头上。因为纵使第一眼是仪态万方风情万种，但她一旦开口，所有关于美好的气质都被瞬间粉碎，只留给别人一个稍嫌粗鲁的形象。要说呢，这还真是气质女人的大忌。

我有一个朋友就是此种类型。平日里是那种有点温婉的女子，总之就是婉约型的气质淑女啦。有一次和她及另外一位女友去保龄球馆打球，竟然第一次见识了她的傻大姐"风范"。我们那位女友是初学打球，所以球技委实有点烂。她也是出于好心，便自告奋勇地担任起别人的临时教练来。可整个教授过程中，满耳全是她的口不择言，"这么臭！""你的聪明劲哪里去了，学个球有这么吃力吗？""哎呀，我是第一次遇到像你反应这么慢的人！"学球的女友最初没说什么，可后来也控制不住生气了，"你说话能不这么伤人吗？好了，我不敢劳烦你这个聪明绝顶的老师赐教，不打了！"说完跟我道了声别就离开了场馆。自从这次经历以后，我每次见了那位"犀利姐"心里都有点发怵，生怕自己一不留神就惹得她口吐利剑，当然，我也无法再勉强自己把她归进气质淑女的行列。

说了这么多，最后只想提醒我们的女同胞，你若什么都好，可千万别败在嘴上。

提醒他人的那一刻，也时刻在提醒自己，都说心直口快好不见得，祸从口出倒是真的发生不少，所以适当的爱就是不要太直白，而是建立在善意的基础上温婉地友情提醒。我是一个心直口快的人，一生都在修真实的圆融。因为在关系的世界里，一切和为贵。

Class 9 气场有多大，你的舞台就有多大

你的人生观、修养和自信心塑造了你的气质，而这种气质，反过来也会充盈你，使你的气场更为强大，使你形成自己的风格，无人可以忽视，也无人可以复制。

"气场"这个名词的出镜率也挺高的，但很多人并不明白气场究竟是个什么东西，甚至把它和气质混为一谈。怎么说呢？气质是气质，气场是气场，有气质才会有气场，气质形成气场。

气质是一种个人仪态，是修养等内在的外在体现；而气场主要是对众的，相当于"气质影响力或吸引力法则"之类的东西。气场是一种外扬的精神面貌，而气质很多时候却是含蓄低调内敛的。为什么说有气质才有气场呢？你可以闭上眼睛试想一下上蹿下跳的黑道大哥的"风姿"，好吧，告诉你，那就是没有气质的"气场"，那根本不叫气场，那是流氓气，是霸王气好吗？

有一次和朋友们聊起"气场"的话题，其中一位朋友讲了这么一件事：她说有一年和同伴去看车展，那场面大家可能都亲历过或在电视上看过，那叫一个人潮涌动啊，而且到处美女如云，真是让人大饱眼福。当时，她和同伴上了二楼的螺旋扶梯，不经意间从扶梯上往下看时，车展大厅里一对男女瞬间吸引了她的全部注意力。他们站在那里谈笑着，夕阳从落地窗上投进来打在他们脸上和身上，那场景格外耀眼和震撼人心。朋友讲到这里，还忍不住吞了吞口水，一副花痴的样子。作为听者，我们却充满疑惑：车展大厅里到处是俊男美女，怎么单单于众人中被那两个吸引呢？朋友忙接过话茬说，是啊，这就是人家的气场强大啊，一下子压住了全场呢！她说，那一刻，她脑海里闪过电视剧里面职场精英自信地行走在大公司干净明亮的地板上，意气风发、胜券在握地谈判着一个个上亿的case。谈笑间，巨额资金流动；行走间，市场为之震颤；挥斥间，整个世界为之瞩目的画面。直到扶梯旋转，那两个人的身影完全消失在她

115

的视野中，她才回味无穷地回过神来。后来经过打听，她才知道那一男一女是此次车展的特邀主持人。她心下了然，难怪这二人在拥挤的人潮里如此的鹤立鸡群，纵使再多的香香艳艳和闪耀的镁光灯也无法盖住他们逼人的气场，仿佛他们走到哪里都是主场一样。原来真是这样，他们本来就是主场啊！也只有他们这样强大的气场，才配得上成为全场的焦点。

听了朋友的故事，我们虽然没有身临其境，但似乎也在无形中感受了一把这两位主持人带来的冲击力。气场是什么呢？气场来自强大的内心，而这必须要由强大的自信来支撑。你的人生观、修养和自信心塑造了你的气质，而这种气质，反过来也会充盈你，使你的气场更为强大，使你形成自己的风格，无人可以忽视，也无人可以复制。

一个人的气场有多大，她所向往和搭建的舞台就有多大。每个人与生俱来所拥有的东西是不一样的：有的人生来富贵，有的人生就贫贱；有的人天生丽质，有的人相貌平平；有的人天资聪慧，有的人资质鲁钝……但所有人的内心力量都是无法预估的，就看你怎样去激发它，就看你能激发多少，一旦内心的力量强大了，你的气场也就不可阻挡地来了。那么，如何激发内心的力量呢？我个人认为，首先她的精神世界必须是丰盈的，气场女人必须要具备一些诸如自信、乐观、坚强、信念、勇气等方面的气质，而后，气场也将成为她的精神名片。说到底，强大的气场是一种自身正面积极、强大向上的综合魅力，而带给他人的是一种有益的吸引力和影响力。值得一提的是，当气场在你身上越聚越强的时候，也不要因为个性而失了本色，要知道，真我才是永不会被超越的。

Class 10 新时代的女性，就要"放得开"

作为新时代的女性，我们不要辜负了这个时代的美意，而应该试着去学习我们的时代精神，做一个与时俱进、有胆识有气度的新女性。

女人是"惰性"动物，我深以为用那句"以不变应万变"来形容女人再恰当不过了。我小时候就有这样的体会。对于那些中途转学来的同学，男孩子比女孩子适应得更快，表现得也更活泼。而那些女孩子刚进入一个新集体时，大多表现得像只受惊的小兔子，几乎不会主动和新同学说话、玩耍。从这个现象就能看出，女性对于新的环境新的事物有一种本能的排斥，这也许是受她天性中矜持羞怯的影响。成年的女性在这方面也表现得很突出。比如在一个单位待得久了，哪怕有千万次拍拍屁股走人的念头，最后仍会死守城池。一个朋友就说了，他们单位的管理体制很有问题，引得员工经常怨声载道。但那些平日对老板恨得咬牙切齿的女同事几乎没有流动，倒是男同事来了又走，走了又来。还有就是，你会发现女人的圈子都比较固定，圈子的规模也比较稳定，这说明什么呢？说明大家都比较"守旧"，既不想走出去接触新的圈子，也舍不得离开旧的圈子。我说的自然是大部分女性。也有小众者，她们对生活比较主动，比较活跃。怎么说呢？就是愿意折腾，愿意接触新鲜事物。这部分人有什么特征呢？你从她们的气质就可以辨识出来。君不见，那些所谓的气质女人，她们的眼神都深邃有力，既不飘忽游离，也不空无一物，她们的表情都沉静淡然，不会夸张，也不会扭曲。我个人认为，这种超然的气质来自于"见多识广"。我们都有这样的经验：只要经历过某事某物，再次经历时便会少了最初的惊慌和无措，也或者是小小的情绪波动。在我看来，她们这种对人事游刃有余的风范，大多来自于对事物的充分把控，因为有所历练，所以才能做到遇事从容淡定。这——是装不来的。

"保守型"的女人，要么每天围绕着家、公司、朋友生活着，要么除了孩子就是老公，除了家人就是自己，她们生活在一个小范围里，这个小圈子形成的时间越长，她们越感觉依赖。因为只有在这个范围之内，她们才能找到自信。就像一位朋友说起自己的老妈妈，在家乡的小镇活得是风生水起，做事比有的年轻人还机敏，可一说到城里姑娘家住两天，便有老年痴呆症发作的嫌疑，做什么事都缩手缩脚，影响正常发挥，好像脑子里所有活络的神经都失灵了似的。其实这也是人之常情。任何人只要生活在自己熟悉的环境中，都是最舒服惬意的，一如家之于每个人的安全感一样。她可以尽情生活在自己原有的观念里，甚至不愿去判断这种旧有观念的正确性，因为一贯都是这么过来的。相反的是，要她们接受新观念就比较痛苦，也比较辛苦，因为这意味着安全感的丧失，而且还要面对新观念的判断，这严重考验她们的智力和耐力，所以她们宁愿固守旧的生活圈子也不愿踏入雷池半步。这些不愿也不敢接受新观念的女性其实是悲哀的，因为她们排斥新事物，排斥所有相对于她们的陌生，她们毫无勇气走出旧环境，也无勇气去接受一个更美好的崭新的未来，所以说她们是落后于时代的可怜人。

作为新时代的女性，我们不要辜负了这个时代的美意，而应该试着去学习我们的时代精神，做一个与时俱进、有胆识有气度的新女性。而要完成这一蜕变，就需要我们先从自己的"蜗居"里走出来，呼吸新鲜空气，接触新鲜事物。至于怎么走出来，走出来又要何去何从，聪明细心的你其实可以在前面的章节中找到答案。要想增加我们的阅历，看更多的风景，有很多方式可以帮我们实现。比如说读书。曾国藩就曾对儿子曾纪泽说过："人之气质，由于天生，本难改变，唯读书则可改变气质，古之精相法者，并言读书可以变换骨相。"看吧，读书读出气质，一劳永逸啊！比如说行走。在经历了不同的风土人情之后，你会发现你不但见识广了，对人对事有了自己的见地，而且谈吐也变得不凡，性格也变得稳重大气，气质的培养竟然在旅行途中不知不觉就完成了。不过英国有句俗语也说得好："乌鸦去旅行，回到家里，其乌如故。"如果你真的只是带着一双脚在行走，不去体验，不去接触，也不去接受，那么你的旅行也就毫无意义。再比如"阅人"。有句话怎么说的？"读万卷书不如行万里路，行万里路不如阅人无数。"人行于世，最主要的活动就是与人打交道。人人都是一本活书，你交流的人越多，被反馈的信息也越多，就越能增强你的人际交往能力，使你学会融方于圆，内心强大无比。综合以上，为了接触新事物，我们可以从阅读一本书开始，从一次浪漫的旅行开始，从认识一个新朋友开始……

愿所有的女性朋友都能勇敢地挑战旧的自己，走出去、豁出去，活出新的自己。只要有朝一日你能感受到"在接触新鲜事物的过程中，我在进步"的快意，那么，就不枉费你迈出那一步的勇气。

第 **5** 章

内 涵

比知性更高级的是高雅

内涵之高雅，有着不可名状的美。它比知性更
灵动，比知性多了烟火味。内涵源于你内心深
处对生活的热爱，它饱含了你对人生的态度，
对生命的领悟。如同名家所说："世界上最快
活的人不仅是最活动的人，也是最能领略的人。
所谓领略，就是能在生活中寻出趣味。"

Class 1 没有爱好的人生，该是多么无趣

优雅女人的美丽更多在于心灵之美，让兴趣塑造你的美丽，做个可爱的女人。

一个优雅的女人，她们爱自己的容颜，爱自己的身体，更爱自己的灵魂。

而饱满的灵魂源自于我们对生活的热爱与认真经营。它让我们发现自己的特长，钟爱某一件事物，发自内心的喜爱和行动，我把它叫作爱好。

但是有些人在 25 岁的时候就已经失去了这种好奇和热爱之心，她们为求生存自保，为了自己的家庭和孩子成长，花费了大量的精力和时间在工作和家务上。

说起来，似乎只有等孩子长大成家，自己苦战一线到退休的时候，才会有属于个人的时间与空间呢。而很多女性，甚至连这个时间都会贡献出来，给自己的孙子孙女们。这让我想起朋友说过的一句话："很多时候我们为了生活和生存，必须要放弃个人的兴趣爱好。"

的确，毕业工作到现在，时间眨眼就过去了，少女时期的无忧无虑好像昨天，而现在的我们有时候为了赶项目加班十几个小时的都有。女人不再是裹着小脚在家相夫教子的角色，我们同样要撑起生活的半边天。

职场生涯竞争激烈，事业让女人获得尊重和话语权的同时，属于自己的时间和爱好也随之变少。可是，没有一个为之欢欣喜悦、

持之以恒的爱好，我们的灵魂是不完整的，我们的优雅，是缺憾的。

一个优雅的女人一定会有属于自己的兴趣和爱好，她的世界中除了工作、伴侣和孩子，还应该有一方属于自己的秘密花园。不论闲暇时，孤独时，寂寞时，伤感时，都因自己的特长和爱好，而不至于被漫漫人生消磨尽那股优雅灵动之气。

这个爱好可以是看书

在德国和法国，最多的就是书吧，无论是在咖啡馆、地铁上还是餐厅里，随处可见女性朋友捧书阅读的身影。她们在书中领悟生活，陶冶情操，气质修养也在书卷之中，得到一次次的升华。容颜会随岁月流逝，但智慧，却能让美丽得到永恒。

这个爱好可以是绘画

我们可以跟着孩子从基础学起，也可以买一些教材开始尝试，不为名利，不为结果的努力，会给自己一种意想不到的快乐。

而且绘画对于色彩敏锐度的提高，以及审美品位的提升，是非常有帮助的。当我们随手用一些简单的线条或一抹色彩来表达自己的心情时，那也是一件非常美妙的事儿呀！

这个爱好可以是一门乐器

西方女子，哪怕只是普通工薪家庭的小孩，都会学习几样乐器。乐理知识的沉淀和音乐的熏陶，会让女性的优雅之气更加灵动，所以很多西方女性身上会自然流露出一种脱俗的优雅韵味来。

学习一两样简单的乐器，比如吉他、钢琴、陶笛、小提琴之类，都可以很好地陶冶情操。想象我们徜徉在音乐的世界里，流溢着不俗的品位，举手投足间所散发的高贵气质，真的是一件收益匪浅的爱好。

这个爱好可以是瑜伽

这是我非常喜欢的一项运动，不仅能保持内心宁静，还能很好地维持身材，帮助我们身心排毒，每次上完瑜伽课，大汗淋漓后的脸色，真是红扑扑地动人呢！如果您想尝试一下瑜伽，一定会有意想不到的收获。

这个爱好可以是烹饪

没有什么比美食更让人愉悦和热爱自己了。我曾经看过一个专门讲美食的日本电影，节奏很缓慢，用一种平淡，温和的情绪，来表述美食对人心灵的治愈和救赎。我相信从进超市挑选食材开始，到精心策划一天的食谱，准确各种配料，然后开始烹饪，到出锅上桌，看着亲友大快朵颐，享受他们对食物的喜爱和赞美，这种快乐是真实而长久的，没有一个女人可以拒绝得了。

这个爱好可以是插花

如果说有什么爱好，既可以让人赏心悦目，又能修心养性，我一定会推荐插花。插花，既是一种艺术又是一种装饰。同时花也是一种美的意境，与花相伴，怡然自得。禅和花，相生相近，相辅相成，花的形态能渲染空间的氛围，禅的生命枯荣能捕捉自然的瞬间。一件赏心悦目的插花作品，都是以花的形态来渲染一种空间的韵味，花的生命荣枯来捕捉自然真实的瞬间，传递女性的艺术感悟，让人得到精神上的共鸣。

不管你是什么年龄段的女性，去发现自己的特长，培养一两个兴趣爱好吧！广泛而健康的兴趣爱好，是优雅女人可以恒久散发魅力的秘密武器。优雅女人的美丽更多在于心灵之美，让兴趣塑造你的美丽，做个可爱的女人。

Class 2 让音乐，带走你的心事

音乐是我独处时的伴侣，我知道，没有比音乐更懂我的了。

尤其是出差的晚上，把疲惫的身体扔在异乡酒店的大床上，脑袋空空，耳边萦绕着舒缓的轻音乐，一时不知身在何处，整个人仿佛飘在云上，浩瀚苍穹，唯我独尊。我不知道要有怎样神奇的创造力，才发明得出音乐这个迷人的东西，它真的拯救了银河系。

你一定在心里想，人家小薇老师走的都是高雅路线，对音乐的研究自然不在话下。那我就要让各位失望了，其实，我并不精通此道，说白了，我就是一个纯粹的音乐享受者。我何尝不羡慕那些对音乐大家如数家珍，对世界名曲娓娓道来的大家闺秀呢，可惜我没那个资质，再说我本人的音乐细胞也有所欠缺。但这有什么问题，它们丝毫不妨碍我对音乐的钟爱，我的耳朵喜欢就行，并不一定非得懂它。

你不要不相信，音乐和人的气质关系蛮大的。音乐是人类的第二语言，它与人类的互通其实是无声的，但是，是润物细无声的那个无声哦！好的音乐会在潜移默化中陶冶你的情操，因为它会在你耳朵听的过程中，使你的心静下来，使你的思想游离，从而进入放松状态，这是俗世中人最需要的一种无人之境，但非音乐不可得。至于一些人说的音乐需要我们用灵魂去感悟，去和作曲家的灵魂沟通等，我觉得离我们一般人还是有点遥远。除非对音乐有着天生的热情，或者极大的好奇，才会真的拿很多时间去领悟来自音乐深处的真谛。而大部分女人选择音乐，是为了给自己的情绪配乐，或是为了给孤寂寻一个伴侣，也或者单纯为了耳朵的享受。在音乐里，每个女人都是暂时脱离尘烟的，如同少女时代的纯真梦幻，周遭缥缈得空无一物，所有的苦、痛、怨、憎，连同欢喜一起，通通消失了，只剩下自由的灵魂与身体对话。

我觉得钟爱音乐的女人其实很懂得爱自己。因为作为女人，总

有些心事无人诉说，不管是亲密的爱人，还是情深的朋友，有些话，终究说不出口。但是，总要找一个情绪的出口吧，那音乐就是最好的选择。一个人的时候，给自己配点乐，旋律一经触碰，如情绪的节点被拨弄，情绪大戏立时上演，或哭或笑，或怨或怒，一一倾泻而出，心里瞬间豁朗。这时候，音乐是最知心也最忠诚的朋友，它放任你，包裹你，给你心灵的抚慰。女人在如此发泄一番后，情绪会得到缓解，虽然心事不会就这么过去，但心情轻松了很多无疑，而最重要的是整个过程无害又诗意。相对于另外一些女人呢？她们可能觉得音乐只是空洞的浪漫，把心事交给音乐，还不如找个活人倾诉呢，至少有个回应啊，于是就有了怨妇般的喋喋不休、声泪俱下……当然，如此一来，说好的气质和形象呢，瞬间土崩瓦解了。最可怕的是，说不定还给倾诉对象留下了心理阴影，因为没有人喜欢别人带给自己负面情绪。

女人和音乐，在特质上有着某种契合。女人的声音轻柔、和缓、圆润，本身就是一曲动人的音乐，所以女人的音乐细胞应该比男人更多，这是上天的恩赐，不喜欢音乐似乎也说不过去。对于女人来说，不管你懂不懂音乐，都尽可以选择倾听音乐来沉淀心情，它会令你少了烦躁，多了理性，并变得淡然。更神奇的是，受音乐陶冶日久，你还会发现自己的气质里多了一种灵动，真是妙不可言。

Class 3 那些你读过的书，把你变成耐读的女人

漫漫人生，陪伴我们的是字里行间的慰藉。

有人喜欢问我，小薇老师，你现在既是品牌创始人，又是美女作家、高级礼仪培训导师、高级化妆造型导师，还是女性综合魅力导师，能拥有这么多重身份，你是怎么做到的呢？

只四个字：看书学习。

对我来说，书是一种不可或缺的存在，何以解忧？唯有阅读。一点不夸张。这里的忧，不是指忧愁，而是忧虑。当我觉得自己在讲台上传播给大家的知识要见底了，就会特别焦虑，特别抓狂。这时候，除了四处拜师学习，就是不断地看书充电。熟悉的人都会觉得，小薇你能有今天的成绩，都是你多年的阅历累积起来的。我承认，阅历对一个人的深度起了很大的作用，但是，那些阅历无法得来的东西，书本都可以给，一个人的知识之所以能形成他的思想体系，一定要有阅读的助推。

我原来只是一个服饰搭配的爱好者到服饰产品和美妆美容事业的经营者，后来因为无意间女性客户的要求，开始站了有几十人到几千人的大讲台上，从一个女人的角度经营女性的事业和传播美学，仅仅就是因为自己不断学习和研发雕琢完善自己的过程中，见证一个个学员的华丽蜕变，让我真的迷恋上了讲台，迷恋上了女性美学的自我塑造之路，变成了我一生挚爱的美丽事业。作为女人、两个孩子的妈妈、女儿、妻子，真的经历了太多太多，所以无论出于什么角色，我都能深味当今的女人需要什么。因为珍惜讲课带给我的快乐，感恩讲课带给我的自我完善和提高，所以我铆足了劲地充电，我想要给大家更好的，同时也想给自己一份完美的答卷。于是，我每年都会出国进修，学习与女人相关的各种课程。曾经跟毛戈平

老师、东田老师等著名化妆造型师学习化妆造型，跟于西蔓老师学习色彩搭配与形象设计，每年全世界各地的游学，与业界专业老师的交流探讨，早已成为一种乐在其中并乐此不疲的学习方式。除此，只要有闲，我就与书为伴。我的家里几乎全是书，床头柜、沙发、办公桌，凡是能看到的地方都有书，因为我会随时看。当然，看与专业有关的书是我阅读的主题，但同时我也会对各个我感兴趣的领域的书籍有所涉猎，比如茶文化、酒文化、咖啡文化等各种文化类书籍，以及一些心理学方面的书籍。书里是个大世界，它跨越了时间和空间，任你遨游，而它的知识精粹，是你穷尽一生也取之不尽的。只有在读书的时候，我才会没有危机感，更无慌乱感，因为我觉得它的包罗万象能让我受用一生，我永不必担心断流，只要我肯阅读，我总能从书的世界找到我所需要的。这种美妙安心的感觉，真的是任何有思想的大师也无法给予的。

可能有些家庭主妇会说：我又不出去工作，也没什么交际，我读书干吗呢？我哪有时间读书？正因为你单方面地与社会脱轨，就更应该读书啊！即便是只与爱人和孩子交流，你所需要的知识，也够你学习一生了，因为他们在交际，他们在成长，你不也得跟他们步调一致吗？不然，小心孩子和爱人都要嫌弃你。再说，你怎么会没有交际呢？你总要出去购物吧？不增长点见识，小心连小摊小贩都能秒杀你。还有就是，你作为一个家庭主妇，如果连看书的时间都没有，那问题就大了。除了围着孩子和孩子他爸，还有你心爱的灶台，你的人生就无所寄托了吗？这真的很要命。我只想说，不要因为爱的奉献而完全地失去自己。抽时间看点书吧，至少偶尔落寞的时候，你还能有点慰藉。

言归正传，阅读和气质的提升有什么关系呢？当然有关系了。首先，书读多了，你就会明白很多人、事、物，你的知识面也就广了，知识一旦丰富起来，人就会变得更自信，在家扛得住孩子的"十万个为什么"，出门也不怕与人"高谈阔论"。这样一来，你在待人接物时就不会再小心翼翼，而是落落大方，人一大方，这气质就出来了。还有就是，读书所得，完全是丰盈了你自己的内心世界啊！

读到好书，你会循序渐进地吸收书中的养分吧，日子久了，不也就在无形中有了自己的见解吗？这意味着你在精神上开始独立了。精神的独立，将促成你性格的独立，好吧，你又是与众不同的了，专属于你的独特气质也日趋显露。总而言之，读书不但能开阔你的视野，丰富你的知识面，它最重要的一点，就是能让你形成自己的世界观，并使你的性格有着无人复制的脱俗。还忘了一点，其实我最喜欢"书卷味"这个词。我觉得有书卷味的女人是所有气质类型中最温润、雅致的，带着东方女性特有的神韵，美好又神秘，让人不可亵渎，充满敬意与爱意。

有道是：女人如书，经久耐读。愿君如是。

Class 4 精致的生活，来自不断地追求

那些物质上贫穷，但不断追求和创造精神生活并为此努力的女人，她的生活和内心都会更加的精致。

我很赞同一个说法："女人，要过精致的生活,不要在地摊前流连,不要不修边幅就出门,不要把生活过得不堪入目。" 懒惰、贪便宜都是过日子的大忌，比如买衣服，你说没钱买贵的。我曾经因为和某一位美女交流探讨这个话题，最后总结一句经典的话发在朋友圈，很多学员和好友都纷纷转载："用买十件衣服的钱……"此时您是否也画上一笔随之发朋友圈后面备注："摘自郑小薇《女神是怎样炼成的》。"哈哈，开玩笑啦。很多时候，阅读我们的书就是在无形地影响着你对生活的态度。

还是那句话，不要一说精致你就提钱，钱固然可以让我们拥有高雅高端的生活，但它并不是万能的，如果没有一个等同认知的价值观和科学精致的装扮方法，即使你再有钱也不一定拥有精致的生活。精致的生活不仅仅只是一种观念和能力。那些物质上贫穷，但不断追求和创造精神生活并为此努力的女人，她的生活和内心都会更加的精致。

精致的生活源于我们对待自己每一天生命的态度。细节决定成败在企业中起着决定性的作用，在女性的生活中何尝不是。所有被称作"气质女神"的女子，出门一定是注重自己的每一处细节，从发型的造型和妆容的精致，从服饰与场合和社会角色的吻合到肢体语言的完美呈现，绝对没有半点的含糊，她永远都会注重活好自己的每一段时光，并不是为了任何人，而是自律性的要求。她绝不会没有任何修饰地出门，也绝不会没有任何准备地出现在一个公众的场合，因为这个气质的头衔足以让她享受每次的精致雕琢。衣食住行都非常的注重真实体验和感受，精致的生活从个人到家庭，从个人到生活过的每个角落都会留下美好的回忆。所以精致的生活要求

塑造了气质的你，所有的女子都希望自己是气质女神。而大家千万不要忽略了所谓的气质绝对与你生活中的每一处精致的要求息息相关，一个对生活没有要求的女子，一个称不上精致生活的女子，她将错过气质女神的行列。可能我们会接受：平平淡淡才是真。这样的自我安慰让我们的生活能够舒心一点也是修行呀。

精致的生活对财富没有过多的要求，对体态也不会刻意地强求，它是我们自己日积月累对待自己生活态度的每一处的精致要求和不断地追求积极向上的状态所呈现出来的，是自然的流露。

最近老是会翻开我们十几年前的老照片，有很多的感慨。女人对自己精致生活的要求真的是一笔无形的投资，这十几年对美的学习和对生活精致的追求，让我从一个非常平凡的家庭主妇到今天因为这份执着而走上了千人的讲台，分享美丽而美好的一个历程，分享美学教育普及的重要性。不仅可以让我们实现逆生长的节奏，关键是幸福的美好生活完全由我们女性主宰。一张张的照片，一幅幅的画面，我很享受自己的蜕变人生，因为越来越美好，而陆续被冠上了薇时尚品牌创始人、美女作家、女性美学导师的头衔，这些仅仅只是自然而然的来了，真正让我震撼的是我从并不是讲师到今天一个小时课酬 2 万—3 万元的演讲收入乃至更多。女神、气质、优雅，每次我都会说我也是在不断学习的路上，可是 18 年的坚持，让我深深体会到：女人值钱真的比有钱重要，而精致生活的女子一定比那些不知道如何精致生活或者放弃精致生活的女子更值钱。这就是现实。所以气质不仅仅是精致生活，气质的女子人生会多一些美好和幸福，关键还要加一课叫优雅和放下自我。

Class 5 漂亮只是外壳，情趣才是灵魂

风情不是高冷，它既要有仙气，也要沾点俗气。

　　和闺蜜一起去练瑜伽，半路上，女人接了老公的电话。对方只是随口说今晚没有应酬，会按时下班，女人就兴奋地说，我现在正无聊呢，我开车来接你回家吧。挂了电话，一双大眼睛忽闪忽闪，无辜地看着我。我说几十岁的人了，要不要这么重色轻友啊？女人说，老公忙了好一阵子了，两个人每天晚上只有匆匆说两句话的时间。我说今天晚上可以说个够啊，干吗还屁颠屁颠跑去接呢？人家就开始斜着眼睛瞪我了，这叫情趣好不好？男人这段时间这么累，接他一下不应该吗？而且我也想早点看到他啊，我相信他也一样。我看着她的痴情状，一时竟无言以对。

　　闺蜜也是奔四的人了，可你看看，像不像个傻气的小姑娘？可我怎么觉得这么可爱呢？也许，只是看到了不为人知的自己。虽然两个孩子都大了，我的光辉的母亲形象在他们面前也算得上有模有样，可是一到老公那里，少女心就会爆棚。各种撒娇、嗔怒、讨欢心，真是谄媚得有点低俗了。可是，享受着老公宠爱的眼神，怎么觉得那么幸福呢？我无法想象，对于一个女人来说，如果她在家里家外同一副表情同一种腔调同　个姿态，会不会被生活闷死。我甚至在写字楼里听到过打扫卫生的阿姨对着电话跟老公卖萌，那一刻，真想上去拥抱她，并告诉她你很女人！我觉得只要不是矫揉造作的作秀，任何一位女性在展现出小女人姿态的时候都会让人不禁莞尔。我也相信，一个有情趣、懂风情的女人，更容易得到他人的宠爱，因为它能触碰到人们心中最柔软的地方。

　　如果你问一个男人，家里有个懂情趣的老婆是种什么样的体验。他会告诉你，就是喜欢回家啦！想回家，想看到那张永远生动的脸；想回家，想看看这个女人今天又会出什么幺蛾子，让自己又好气又好笑；想回家，想听她窸窸窣窣地嘟囔，汇报着一天的流水账，面

上表情七十二变；想回家，想享受她龇牙咧嘴的按摩，力道不够打死一只苍蝇；想回家，想回到被她收拾得一尘不染、井井有条的小窝，看看餐桌上的花瓶里又被请回了哪家新贵……家的港湾，因为有了这个活色生香的女人而妙趣横生，妙不可言。

看到这里，估计有人会嗤之以鼻，说这不是脑残女吗？错，其实越知性的女人越容易情趣出新高度，因为她懂得审时度势啊！她知道什么时候可以妩媚娇嗔，什么时候要乖乖闭嘴，什么时候可以大闹天宫，什么时候要夹着尾巴做人。她不但会察言观色，还能见风使舵，反正永远不会挑战男人的底线，反而会使男人各种受用。怎么说呢？懂风情的女人都有颗八面玲珑的心。你会说，这样的女人走出去还能好好做人吗？呵呵，担心得多余了。据我观察，那些善于在小我世界里制造情趣的人，在外面更能运筹帷幄，我说了，因为她懂得审时度势，能通人情世故。

不光是在外人看不见的地方，即便是在职场中，有情趣的女人也是清泉般的存在。她会在紧张忙碌的工作之余，挑起一个有趣的话题，让大家参与进来，活跃一下气氛；她会时不时地买来一束鲜花，为大家送上芬芳；她还会真诚地称赞某位同事的新裙子真的很好看，送给别人一整天的好心情……这样的女人，不要说你不喜欢。

很多女人对自己的形象要求是要有气质，但她们经常觉得气质应该是端着的。我觉得很有必要纠正大家的想法：气质不是高冷，它既要有仙气，也要沾点俗气。通俗点讲，就是活得有血有肉，能优雅出深度，也能情趣出高度。

Class 6 别顾着装饰你的梦，现实在敲门

女人，若真爱自己，就不要纵容自己活在不真实的世界里。

女人爱做梦，完全是各个年龄无界限

我遇见过二十多岁就离了婚，过了十多年糟糕透顶的单身生活仍执着地幻想白马王子会来接她的女人。我很佩服她的"自信"，但我完全不知道是什么支撑起她的这种信念。工作是从毕业起就一直没换过的，发型也是执着了十年没变的娃娃头，衣服从来往胖里穿，总之很少见过她的腰线，可能出于职业病，让我一见她就忍不住想让她脱掉鞋子——个头小，却 N 年如一日地穿着大方跟的高跟鞋，走起路来像踩高跷，又像拖着小船。说了这么多，其实我无意嘲讽她的形象，因为我觉得我们应该尊重每个人的造型理念，她可能崇尚素朴、"复古"。但我无法认同她的幻想——这样的你凭什么吸引优质男？好吧，假使你有美好的内在，然后也遇到一个同样有内涵的男人，但是，他凭什么能透过你糟糕的外在看到你美丽的心灵？我真的很迷惘。

一二十岁的女孩子就不说了，这个年纪，或许有资格做点美梦，但我无法理解三四十岁的女人还像梦幻少女一样，对生活充满不切实际的幻想，说得犀利一点，完全是心智还停留在童话世界里。我经常回头看自己走过的路，不知道是不是因为家庭条件有限，早尝生活的艰辛，于是变得早熟，所以没念书以后，就开始在谋生路上左右逢源，至于做梦，似乎因为太奢侈而碰都懒得碰。我承认，相比那些公主式的成长，我的确早失了一些童真和浪漫，但我一点也不觉得遗憾，因为早熟赋予了我坚强与坚忍，让我今日能做自己喜欢做的事，拥有自己想要的生活。而那些一直在梦中不肯醒来的人，一直躲在现实的背后，一直艰辛着，这样的人生在我看来，还是那句话，糟透了。

有气质的女人，是不适合穿"公主装"的。它或许能为你减龄，却无法彰显你的内涵，因为梦幻本身就是虚妄，又怎么谈得上内涵？做符合年龄的事，这才是一个成熟女人的标志。

随着女性力量的崛起，催生了一部分大龄的未婚女子。原谅我很反感"剩女"这个词，因为太冷，又太极端。我不觉得女人主动选择婚姻有什么问题，也支持婚姻的匹配一定要遵从内心，然后是门当户对。但是，对于那些无法过好单身生活的女子，我还是想说，别光顾着装饰你的梦，先管理好你自己。不管你的心气有多高，也要低头看看脚下，让"梦想照进现实"。而且白马王子也没有那么多，既然僧多粥少，想要的生活你也可以自己去创造，谁说女人一定要把希望托付给男人呢？少做梦多做事，终归要比只做梦不做事离目标更近。至于那些孩子都大了，自己年龄也不再可爱的女人，你就更不适合做梦了。有人会说，我希冀着孩子以后能出人头地，让我扬眉吐气；我梦想着老公能飞黄腾达，带我过上更好的生活，这也是做梦？这是理想。我想说，孩子不会自己就长大了，也不会无缘无故就成为天子骄子，至于老公嘛，莫名其妙冲上云霄的可能性也不大。但你想的这些，也不是不可能发生，只不过你也得出把力。比如你可以给予孩子良好的示范教育，可以对老公义无反顾地支持，这些才是你对理想的理性投资。还有就是，女人对家人的期望其实可以朴素一点，孩子老公健康平安就好，家永远温馨就好。

还有就是，女人最好远离那些虚假的偶像剧，即使是我们的青春少女们。电视剧里盛产白马王子和灰姑娘，这只会让人沉迷于不切实际的童话氛围中，从而忽略了现实。不管在任何年龄阶段，女人都应该选择一些有益身心的电视节目来看，因为良好健康的电视内容，也能起到音乐和阅读的怡情作用。女人，若真爱自己，就不要纵容自己活在不真实的世界里。人行于世，要带着烟火气才能真正入世啊！

Class 7 品位总是与格调做朋友

我们每个人的思想灵魂与精神品格，越来越散见于你所交往的朋友中，因为他们的总和就是你。

很多人所拥有的笨拙的青春，我也有过。记得十多岁到城里念书后，我这个从农村来的女孩子，多少有点畏畏缩缩，习惯了与人保持距离，更没有交友意识。而且那时的我又很慢热，除非别人主动，否则是不可能和谁拉近关系的。当时同宿舍有个阳光开朗的女孩，听说家境挺好的，为人很爽朗，不知怎么的，她偏喜欢和我亲近。同住一两个月后，我们竟亲密到形影不离。现在想来，她是我人生中第一个真正意义上的朋友。我也很庆幸，我的入门级朋友品位就不低。

我这个朋友有着怎样的品位呢？说点小事。比如有一次我俩正逛街，我突然想上厕所，然后四处找公厕。她却拉着我直奔一家富丽堂皇的大酒店。快到门口的时候，我有点窘地想要挣脱她的手，我怯场啊，心想就我们两个黄毛丫头，还敢闯进大酒店去上厕所啊，那还不让保安给轰出来。可人家死活不撒手，非雄赳赳气昂昂地推开了酒店大堂的玻璃门。结果什么也没发生，反正就是无人过问了，我们直接去到那香喷喷的洗手间溜了一圈出来。出来以后，她就开始教训我了，说你不能就这点出息啊。先不说公厕的环境怎么样，不是还得收费吗？酒店的洗手间是不是高级多了，还免费，就你这品位啊，真让我着急。后来我把这件事琢磨了一个晚上，觉得她的话还真没说错。于是到了后来，即使没有她同行，我一个人也敢大摇大摆地闯酒店的洗手间了。可以说，这次经历改变了我一生的轨迹。

人的一生，朋友是极其重要的部分，也是一种无比神圣的存在。伯牙善弹琴，钟子期善听琴。伯牙弹至志在高山的曲调时，钟子期便说出"峨峨兮若泰山"；弹至志在流水的曲调时，钟子期又说出

"洋洋兮若江河"。钟子期死后，伯牙亦不再弹琴，因为知音难觅。这就说明，真正的朋友不但心灵相通，而且可遇而不可求。人海茫茫，找一个合拍的朋友，真的是莫大的缘分。而朋友对我们的影响，可以说是渗透到了工作生活的方方面面。你失败了，朋友可以充当温情的角色，给你抚慰；你受伤了，朋友借你肩膀，让你哭让你依靠；你迷惘了，朋友却保持清醒，给你指点出路……真正的朋友，可以像家人，像爱人，给予你的帮助事无巨细。而一个有品位的朋友，会让你在潜移默化中提升自己的品位，至少，他不会降低你的格调。但俗话说得好，"物以类聚，人以群分"，要想结交有品位的朋友，努力提升你自己是首要的前提。你换位思考一下，一个有品位的人，他何尝不想也结交一个同样有品位的人呢？所以，你能够结交什么样的朋友，往往取决于你自己，这是交友的公平原则。

我们每个人的思想灵魂与精神品格，越来越散见于你所交往的朋友中，因为他们的总和就是你。

Class 8 以爱的方式经营你的爱好

爱好真的是一个人灵魂深处的碰撞到现实中无比强大的力量诞生传奇的故事……

爱好决定了你一生的品位。不是故作姿态就像八大雅事的风靡让很多人疯狂地追求和学习，最后被问收获了什么，开始炫耀自己如何的高深。所有的学问都是用来修身养性的，不是用来故弄姿态演绎给旁人观摩的。因为我们不是表演者。我们的爱好就是我们的生活方式，就是我们对待生活的态度和追求。

就像我二十年只做一件事——学习美学、研究美学到最后自己的爱好成了自己一生追求的事业。我的爱好还有很多，比如像现在一样敲打着键盘与更多爱美的女性朋友们分享我的美学生涯，这也是我的爱好。譬如每年都会去武夷山依山傍水的地方游走一番，在大自然的世界里拍几组美美的融入到大自然的美照，给自己的人生多一点美好的回忆，顺道喝几款有机的山里茶农提供的最天然的岩茶，享受这在茶文化课堂没法品尝到的好茶。

每个人的爱好不同，有人喜欢学习，有人喜欢游玩，有人喜欢交朋友，有人喜欢研究珠宝，无论喜欢什么，有的人是一阵子而有的人是一辈子，凡是一阵子的基本谈不上爱好，仅仅只是当下　时兴起，真正的爱好是爱上了这个自认为非常好的事物。爱与喜欢是两码事。爱上了就爱上了，愿意坚持到底的又有多少人。就像从恋爱到婚姻，从刚开始的满腔热血的爱情到平淡婚姻。如果多了一份情投意合的爱好就会增添不少情趣，也是感情升温的良方。所谓的同频一定是有某一项共同的爱好才会有更多的话题在一起沟通。每个人的爱好都不一样，很多原以为不可能在一起的人会因为共同的爱好总是形影不离地在一起探讨。这也是一种吸引。爱好旅游和爱好游学又是不一样的圈子。喜欢旅游的人大把，因为现在经济条件好了，大家都喜欢出去走走。都说读万卷书不如行万里路，行万里路不如名师指路。可见出去走走的好处很多，在专业老师的引导下有目的性地带着学习和钻研的态度去旅行与纯粹的购物团的旅游完全是两个截然不同的结果。所以不同爱好的人就有不同的圈子，不同的圈子决定不一样的未来，而这些就是爱好相同吸引来的。学者吸引学者，舞者吸引舞者，茶人吸引茶人。文人墨客吸引文人墨客。就如一群向往优雅到老的女子因为一句"我们一起来让时光带不走优雅"而相约在一起。这就是爱好的魅力和磁场。同时也告诉我们爱好有三六九等，你的爱好决定了你的朋友圈，你的朋友圈决定了你的生活方式和质量。就如当下盛行的闺蜜下午茶、名媛盛会、传统文化八大雅事等都会聚了很多对这些主题和内容感兴趣的人。遇见爱好不等于久远相伴，即使人与人之间，或者每个女性对爱好是属于终身的爱好还是一时心血来潮的过客都将决定遇见和错过。而我非常幸运的是从 18 岁开始喜欢美丽的衣裳，因为喜欢美、遇见美、研究美、分享美、享受美，对这份美的爱好让我结识了全球各地的时尚圈、文化圈的各类精英和爱好者，还有十几年追随美的粉丝们，让我们将爱好注写成了一本乃至几本书，甚至变成了今生认定的美丽事业。这份美的爱好给予我太多的惊喜和收获，成长的人生中见证了太多太多，仅仅就是因为爱好美、研究美、分享美、享受美却让爱好变成了一生中让自己来得更有价值和意义的这份美好。所以爱好可以让一个人从一张白纸到拥有一幅艺术画的价值人生，爱好也可以让人从一无所有到应有尽有，爱好可以让人从拥有万贯家财到一贫如洗，爱好可以让无聊的人生变得非常的有生机，爱好可以让一个人从崩溃的边缘找回生命的转折点，爱好可以让没有任何关系的人成为忘年交，爱好可以让人与人的距离更近更深入人心，爱好也可以让一件本以为不可能成功的事奇迹般地成功了。

　　爱好真的是一个人灵魂深处的碰撞到现实中无比强大的力量诞生传奇的故事……所以找到生命中的一项爱好，哪怕是设计的研究，哪怕是一门语言的研究，哪怕是一幅画作的研究，也许一不小心你就成了梵高了呢或者是另一个香奈儿一样的女子了……也许没有那么夸张，至少我们的生命里真的需要一两项让我们的生命更有价值的爱好。这里大家会发现另一个空间，这份爱好里一定要注入生命的热爱，以爱的方式将爱好发挥得更有意义。哪怕是一位不起眼的书画家，因为爱好会聚一群志同道合的人一起来书写每个人的故事也是非常有意义的一件事；哪怕是一位茶艺师，带着一群人走进茶文化的世界带领着大家以茶会友的修身养性品茶论道都是非常美好的时光。所有的爱好都是为了我们的生命更有质量，无憾于每个当下，心中最向往的一种方式变成一种爱好让我们的生活增添了意义的色彩。

Class 9 自信很俗气？可是很多人没有

拥有气质更多的是为了悦纳你自己。

不管你年龄几何，回想一下，自认为最有气质的阶段是什么时候？毕竟，气质不是一旦拥有就不会失去的东西，就像各位深爱的容颜，如果疏于打理，也终会变得惨不忍睹。我的很多客户告诉我说，她们觉得工作和恋爱中的自己最有气质，因工作的充实和出色而有气质，因有气质而吸引倾心的伴侣；而我身边的一些朋友则告诉我，她们觉得四十岁左右的自己最有气质，因为生活基本定型，没有太多忙碌操心的事，所以有时间注重气质的培养。我在心里叹着气，原来对于很多人来说，气质是有目的性的，培养气质也是要看时间允不允许的。这的确有点悲哀，因为女性拥有气质，并不是要把它作为获得任何的手段或资本，更不是当作你闲暇的消遣，它只是为了让你成为一个更好的人。对，就这么简单，拥有气质更多的是为了悦纳你自己。

有一篇发人深省的小文可能很多都看过。讲的是一位三十多岁的妈妈，自二十多岁生产后便辞了职，一心扑在养育宝贝女儿上。可能望女成凤的心太切，也或许是觉得自己牺牲了个人事业来带孩子，有点孤注一掷的意味，便对女儿要求很高，甚至到了严苛的地步。但十岁的女儿似乎并不领情，不但不和她亲，还总是对她的要求怀有敌意，动不动就反抗她。有一天，她实在忍无可忍，便第一次对女儿大发雷霆，声色俱厉，却字字哀怨："你以为妈妈我容易吗？我从小到大也是很优秀的你知不知道？可是为了你，我放弃了自己的事业，放弃了梦想，也辜负了你姥姥姥爷对我的希冀，我把你看得比生命中所有的东西都更重要，可你呢？都十岁了，一点儿也没有成为我期待的样子。"女儿终于不再像以往一样反驳她气恼她，而是小声说："那我宁愿不要现在的妈妈，我要以前优秀的妈妈。妈妈，你看看你自己，要是你不说，谁会看出你曾那么优秀呢？"

女儿的话犹如一声惊雷，在她的心里轰地一下炸开了。她站在镜子前，看着镜中蓬头垢面精神萎靡的自己，不由得愣住了。是啊，那个年轻时气质优雅的自己是什么时候走失的呢？有了孩子以后，不注重保养和打扮不说，连交际也懒于应付了，最喜欢的阅读也荒废了，除了对孩子恨铁不成钢的痛与怒，十年的岁月将曾经的生香软玉打磨成了女汉子和女神经。女儿的话让她幡然醒悟，作为母亲，自己都没有成为一个更好的人，又有什么资格一味要求女儿成为更好的孩子呢？从此，她开始一点一点找回十年前的自己，不但开始注重保养和打扮，还去学瑜伽、学花艺、学茶道，并和以前的朋友恢复了联系，没事就聚一聚。即便在家，也不再整天只把注意力放在女儿身上，而是花一些时间来看书习字，做自己喜欢做的事情……虽然花在女儿身上的时间少了，但女儿却在悄无声息中变得更懂事听话，不但自己主动缠上妈妈，还对妈妈越来越崇拜，有一次甚至不无骄傲地对她说："妈妈，以后你经常到学校来接我吧，我要让别人看一看我的气质妈妈。"那一刻，她心中五味杂陈。她承认，在她蜕变之初，是带有赌气心理的，因为她被女儿那句"谁会看出你曾那么优秀"而深深伤害了。但是越到最后，她越享受其中。望着镜子中一天比一天更有气质的自己，她突然明白这才是自己应有的模样，满腹才华又个性淳善的自己，本来就有自信的资本才对嘛！一个有气质的女人，也许更容易得到别人的欣赏和尊重，但最重要的是，她因此而变成了更好的自己，不会因为辜负生命的意义而感到遗憾。

　　不管是在工作、家庭还是社会生活中，女性都切忌顾此失彼。虽然人生的每个阶段都有不同的重心，但不管你肩负怎样的使命，都别忘了兼顾打理好你自己。岁月是把杀猪刀，懈怠就是那个刽子手，疏于保有气质的你，倏忽之间，就成了庸常俗妇，被人忽视，被自己鄙视。所以，不管你多老，不管你多忙，不管你多穷，都行动起来提升自己的气质吧，这是刻不容缓的事。不要害怕付出，不要夸大艰辛，所有你能做到的丰盈内心、提高修养诸事，都可以不花钱、不费粮。

Class 10 爱是女人最好的武器

有爱的女人，温柔而有力量，因为爱就是最好的武器。

我无意于在这里用任何"鸡汤"来煽情，但事实是，一些故事深深撼动了我。在刚刚结束不久的 2016 里约奥运会上，我为奥运健儿们的热血和热泪感动，但最让我震动的，是 41 岁的乌兹别克斯坦体操选手丘索维金娜。对于职业生涯极为短暂的体操运动员来说，41 岁真的算是超高龄了。可是，是什么促使这位大龄女运动员第七次出战奥运会，完成超高难度的体操动作的呢？各大媒体的新闻标题给出了答案：为爱而战。为了给患白血病已十多年的儿子阿利舍凑足医疗费用，早该退役的她却一次又一次地不断挑战极限，征战沙场。一句"你未痊愈，我不敢老"的宣言感动世界。是啊，爱是一切的答案。

我们这里说的爱，不单指母子之爱、夫妻之爱这样的小爱，还有对人对事对生活的大爱。比尔·盖茨曾说："每天早晨醒来，一想到所从事的工作和所开发的技术将会给人类生活带来的巨大影响和变化，我就会无比兴奋和激动。"我们从中读出了爱，那是对人类对社会无私奉献的爱。爱使人精神饱满，爱令人获得尊重，心中有爱，才不会迷失方向，因为爱就是方向。有爱的女人，温柔而有力量，因为爱就是最好的武器。

那么，怎样才算心中有爱呢？

有爱的女人首先是有教养的。在和他人的交往中，她不会总是以自我为中心，而是习惯于站在对方的立场来思考问题，处处替人着想，有一颗宽容、体谅的心，并因此而赢得他人的喜爱。她的爱，体现在教养上。这样的女人就如空谷幽兰，走到哪里都能生香。而那些与之相反的习惯于无视别人存在或得理不饶人的人，别人会排斥与你一起工作或生活，因为没有人喜欢自私、狭隘的磁场。而且从爱的吸引力法则来讲，没有爱就没有吸引力。那么，我们应该如何提高自己的教养呢？第一点，必须学会站在对方的立场思考问题。第二点，必须能基于自己的想法说话。第三点，必须做到经常审视自己、鞭策自己。做到这些，你才能成功地把自己塑造成为具有良好教养的女性。

"女人不一定要漂亮，但一定要善良。"有爱的女人是善良的。善良不是指要做多少善事，而是不给别人添麻烦，能够以己之力予人方便，对家庭、朋友、社会做到问心无愧。善良的背后总会有所取舍，而善良的女人一般会选舍弃取，她的起心动念皆是成全他人。善良的女人，无论何时都会觉得这个世界无比美好，因为世界也会对她善良以待。要知道，人与人的关系如同一面镜子，你如何对待别人，别人就会如何对待你。善良的女人因为这一层因果关系而更容易得到幸福和快乐。那么，我们又要如何觉得心中有善呢？第一，要尽到自己的孝道，对父母亲人要孝顺。第二点，要对贫弱者心怀怜悯，尽自己所能地帮助他们。第三点，对人要真诚，任何时候都不要去算计别人。第四点，要能够换位思考，将心比心，不伤害别人。还有就是练就不张扬、不作秀、不图回报的性格，因为善良本身就是一种世界上最有亲和力的气质。

"生活的本意是爱，谁不会爱，谁就不能理解生活。"有爱的女人是热爱生活的。她们乐观积极，总是充满活力和激情。她们没有时间忧郁颓废，因为她们有方向有动力，并为此而努力奋斗着，从不浪费光阴。即便她们只是普通的家庭主妇，也把经营好自己的家庭作为一项终生的光辉事业。这样的女人带给他人满满的正能量，在她举手投足的意气风发里，你能感受到爱的热度。一位模范母亲就曾说过："大抵可从厨房、化妆室的干净整洁程度看出一个家庭的美丑，看出一个家庭主妇对这个家所付出的心血以及对这个家的热爱程度。"由此可见，女人对生活是否热爱，直接影响自己和家人的生活质量。在热爱生活的人眼里，生活永远是诗情画意的，而最后，她也会竭尽全力把生活变得诗情画意。这，就是热情的力量。那么，我们要如何做到热爱生活呢？首先，把握好基本的道德准则和行为准则，尽量使自己处于轻松、愉悦、充实、有效的生活状态中。积极地去做自己想做的事情，并设法把它做好。其次，一切向前看，不要停留或沉湎于短暂的失意中，学会换个角度思考问题，敢于去体验生活，接受教训，吸取经验。总之，不要过分地追求完美，也不要刻意地回避错误。然后就是要学会从生活中寻找乐趣，不管是工作、家务还是爱好，都要用心去做，并偶尔制造点情趣，为一成不变的生活锦上添花，还有，别忘了保持嘴角上扬的动作。最后，要懂得为自己的行为负责，学会自立自强……

总之，爱是一门女人终其一生都要学习的学问，女人被人爱不难，难的是要学会爱人。只有学会了爱，你的爱才会持久，魅力才能永存。

Class 11 你的气质里，有你看过的风景

女人花更是要经受更多的"风吹雨打"，才能花开不败，娇艳动人。

我们前面一直在讲如何提升女人的气质，女人的气质从何而来。其实从某种角度来说，你的修养、你的处世哲学、你的个人魅力、你的品位以及你的一些良好习惯，都可以通过某种方式一站式提升，那就是旅行。

对于很多女性来说，旅行是带有目的性的，我们听得最多的是这样的口头禅："最近好烦，真想出去走走。"这个时候，旅行是为了散心。当然，还有各种目的，比如听说那里很美，我想去看看；前段时候忙得昏天暗地，该出去放松一下了；孩子放假了，总得带他出去玩一下……看看吧，旅行被赋予了太多的预期。我以前也是这么"对待"旅行的，大有一言不合就要出去旅行的阵仗。可是随着时间的推移、年龄的增长，我对于女性一定要出去旅行的看法有了一些改变。

在我所接触的女性中，一部分保持着定期旅行的习惯，有人喜欢走得远远的，走出国门；有人喜欢国内游，天南海北任我游；也有人钟情于附近的山水，每个周末都会安排一次远足，或只是自己，或与家人同行，或一帮闺蜜相约……这些热爱出走的人，先不说身体状况比那些"宅女"精神头更足，就她们的性格、谈吐和气质，大都完胜后者。我觉得有句话说得很好："看到不同的风景，是另外一种阅读。"一个人走的路多了，见识的风土人情多了，她的视野也跟着开阔了，知识也跟着丰富了，人也会变得开朗大气。连"鸡汤"都是这么说的："女人，你可以没有男人，但一定要有闺蜜；你可以没有 LV，但一定要有 Long vacation（旅行）！"旅行对于提升女人的气质，是无形而高效的。因为一个女人的见识非常重要。你见得多了，心胸自然就开阔豁达了，它甚至会影响你对很多事情的看法。一个习惯走出去的女人，她的勇气和智慧也会与日俱增，

因为每一个旅途都是享受也是历练，你在得到了眼睛、耳朵和心灵的愉悦之余，也要面临一些突发状况的考验，当然，最后你都会想方设法把问题解决掉。一来二去，你会变得更有胆量，也更有信心，不管是现实世界还是精神世界，你都不再害怕迷失方向。有了自信又有了眼界的你，不管是曾经的小女人还是囿于家庭的小妇人，都不会因为一个男人给你一个小蜜枣，你就屁颠屁颠地跟着跑，变得独立的你，也不会再是那个只会用纸巾擦干眼泪的脆弱女人。而最重要的是，不管你处在什么样的年龄，旅行都会教你成长。这样说吧，如果没有几次迷路，没有几次无助，没有几次失望，你就不会知道什么叫作成长。不管你的生活是艰难还是顺遂，你都有必要去体验成长，这就是人生。

有的女性会说，日子过得不是很富足，有什么资格谈旅行，把旅行的钱拿来生活多好。这样的观点当然是错误的，因为旅行就是生活。还有，旅行也不是有钱人的消遣，它适合有钱没钱的你。你可以根据自己的实际情况来制订旅行计划，就像文章前面提到的，你也可以选择定期一次的远足。有时候，女人们宁愿拿钱买一大堆零零碎碎的没什么用处的东西，也不愿意计划一笔钱作为旅游资金，因为在她们看来，旅行的消费是个大头。但旅行不是日常消费，只要及早作出计划，你可以有较长的时间来做资金准备，所以，至少一年一两次的旅行，并不会有太大压力。当行走的阅历逐渐沉淀出你的气质，你会明白，旅行绝对是女人最有用的投资。

有时候我们很容易走入旅行的误区，比如有的人喜欢盲目跟风，有的人喜欢追求刺激，这都不是理性的旅游。正如我之前说的，要根据自身的实际情况来制订旅行计划。你看，还有骨灰级的女性游历者呢，一年去了很多个国家，巴布亚新几内亚的蛮荒地带、新西兰高空弹跳、墨西哥死亡跳水、秘鲁和僵尸共枕等，都留下她们的足迹，都有她们的体验日记，但人家那是旅游发烧友，或者说是资深探险者，除非你有兴趣有胆量有经验有后备，否则就不要效仿了。一句话，女人的旅行，怡情是最好不过的。

终日生活在城市的钢筋水泥里，再美丽娇贵的花朵都会失去光彩和活力。女人花更是要经受更多的"风吹雨打"，才能花开不败，娇艳动人。那么女人们，行动起来吧，让我们用有限的时间，有限的金钱，有限的精力，去看无限的风景吧！

第6章

职 场

让魅力成为你的交际名牌

职场不仅有刀光剑影，硝烟弥漫，职场也有暗香浮动，衣香鬓影。随着时代的进步，职场的性别分化越来越淡薄，事业不再只是男人的战场，女人也能平分秋色。诚然，通往职场女神的路，每一步都会走得更艰难，但是有了魅力这张名牌护身，你会发现，只要不停下前进的脚步，你的劣势将转变为优势，助你走向成功。

Class 1 性别不是你迟到的特权

不要以为女性有不守时的特权，那只是别人在强化你的弱点。

在一个茶话沙龙上，听过一个男人痛心疾首的吐槽，讲的是女人时间观念太差的现象。虽然真的很好笑，但我却笑不出来。

男人说，他可能自身磁场有问题，身边的女性朋友十个中有八个爱迟到，剩下的两个中还有一个爱放人鸽子。就他自己来说，每次和女性约会，都会距离约定的时间早到 15—20 分钟，但他所遇到的女性，迟到最少的那个一般也得迟个一刻钟，也就是说，他每次与人约会，最少也要等半个小时。而大多数时候，女性朋友们会迟到 20—40 分钟，这样算来，他大概有将近一个小时的时间被浪费掉。有一位女士则更过分，迟到一小时是标配。他最初出于礼貌，在等得不耐烦的时候还会帮她找理由开脱，以使自己不去怪她。可有一次她竟让他在烈日下等了将近两个小时，最要命的是电话也关机，害他等得忧心如焚，脑洞大开到甚至想象出她被拐骗或受伤的画面。两个多小时以后，终于联系上了，可人家还夸张地洗刷他说，这么热你也敢出门？我还在家看电视呢，出去会被晒伤的，手机刚充上电。那一刻，他就决定他们的交情玩完了。男人说起这些，忍不住做出头痛状。他说我以前也不是低头党，可还是被这些女人给逼出来了，因为等待太过漫长和无聊。

看看周围，这样的女性其实挺多，或许你不幸就是其中之一。我见过很多没有时间观念的同性，她们觉得迟到并不是什么大不了的事情，理由是，比较正式的场合如面试、开会、与客户签合同等，都会守时，而迟到的情况一般发生在与熟人的约会中，是非正式场合。对这样的观点，我是不敢苟同的。我觉得守时不但是一种礼貌，也是一种修养，不管约会的对象是谁，既然承诺了，就要信守诺言，不能根据亲疏和场合来区别对待。比如恋人间的约会，你可能觉得男士等女士是天经地义的，但男士却可以从你淡薄的时间观念里考察到你的为人，也或许，他会把你的迟到当作你对这段感情的态度，你既然不在乎他为你浪费时间，那他可以理解为你也没有那么在乎他；如果是同性之间的约会，面对一个总是守时的女伴，你却屡次不守时，她会觉得你对此次相约根本没什么兴趣，或者觉得你是吃定了她会等你，从而对你们的友情产生别的想法，如果你面对的是一个同样不守时的女伴，那完蛋了，我觉得两个温吞的人在一起，是互相残杀……我总是记得人生中一次尴尬的经历。那是我作为讲师第一次登台演讲，为此在那之前演练了千万遍。可是那天早上，当我积攒了毕生的勇气走到众人的视线中时，才发现我的助理居然迟到了……那种紧张、慌乱、尴尬无以言表，真的是一次糟糕的体验。所以，不管是对我的合作伙伴，还是我的孩子们，我都经常强调时间观念的重要性。不守时这件事，可大可小，却将你的修养暴露无遗。在人际交往中，不管对方的实力如何，如果他是一个信守时间的人，我会对他平添好感，我相信这也是很多有识之士的心声。

不要以为女性有不守时的特权，那只是别人在强化你的弱点。即便优雅的你优雅地姗姗来迟，然后优雅地说着 Sorry，对你望穿秋水的人一样会有厌烦的念头一闪而过——不要怀疑，因为那是本能。其实，要做到守时并不难，起心动念提前一点，梳妆打扮的速度快一点不就行了？让别人在约定的时间如期看到你，那是一种沉稳大气的气质。

如果你从来没有意识到守时的重要性，不要紧，从现在开始矫正你的时间观念，并把它养成一种终身的好习惯。虽然这并非一日之功，但从现在开始，还来得及。俗话说，一日之计在于晨，那就从每日按时起床开始吧，不要让你的闹钟形同虚设，也不要再让别人觉得你的时间观念靠不住。

Class 2 盈盈一笑，世界和平

很多女人不懂，微笑才是我们这个性别群的标配。

"微笑是这个世界上最通用的语言。"无论走在哪个空间和哪个国度，我们迎面而来的微笑让我们的惶恐和陌生感瞬间消失。我们经常形容一个老太太的慈祥，她的面容一定是处在微笑的状态。我是一个无所畏惧的女子，出国一个人，不懂几个英文，更别提日文韩文了，可是逢凶化吉的都是因为我的微笑和遇见微笑的人。记得小时候长辈们就教导：路长在嘴上。而几十年受用了，并加上了一招：微笑让我们的路更加的通畅。

这就是我对微笑的温情体悟。

除了我，相信也很少有人能拒绝微笑，更甚是亵渎微笑。那盈盈一笑，将多少不安、悲伤、痛苦、绝望、尴尬、愤怒化于无形。尤其是女人的微笑，简直是世间最灵的良药。母亲一笑，连婴儿都忘了初来乍到的恐惧；朋友一笑，多少误解恩怨冰消雪融；爱人一笑，所有疲惫压力被抛到九霄云外；客户一笑，心中巨石瞬间落地……只一笑，世界万般和谐。

很多女人不懂，微笑才是我们这个性别群的标配。你纵是长了一张沉鱼落雁的脸，如果总是面无表情或面带愠色，那也未必能产生倾国倾城的效果。倒是如果点缀一抹微笑的喜色，便会让人过目难忘——可要不小觑了微笑的魔力，那是带着杀伤力的。在我们这个行业，还有专门的微笑礼仪培训，由此可见，大众的微笑意识已经被唤醒，人们开始走向微笑美学。从一个形象美学导师的角度来看，我认为微笑是最能提升一个人形象气质的表情符号，它同时也是人与人之间传递感情的最好方式。所谓"此时无声胜有声"，非微笑能达到。特别是在比较庄重的场合，微笑最是恰到好处，不浮夸，不谄媚，不世故，也不严肃，它的最大之功，就是能缩短人与人之间的心理距离，为进一步的沟通和交往营造温馨和谐的氛围。总之，微笑之妙，难以言尽。

但是，人们往往因此而走入一个误区，认为微笑不就是一个简单的表情吗，嘴角微微上扬便可一气呵成了。你真的以为微笑之所以动人，是因为它的造型吗？ NO ！只有发自内心的微笑，才可能有感染力。因为真诚的微笑，是调动眼神、眉毛、嘴巴、表情等各方面的动作协调完成的，只有这样的笑才会自然大方，令人心生喜悦。也只有这样的笑，才会真正彰显你的优雅气质。如果你的微笑只是为了在自己脸上挂一个动作符号，那它无疑是生硬和虚假的，不但不真切，甚至令人反感。所以，假如，我是说假如，你还没有学会从心而发的微笑，那不妨学习一下微笑礼仪。简单一点的，就是每天自己对着镜子练习，养成习惯就会有效果，有了效果就会习惯性地微笑——良性循环。你要相信，再没有比微笑更美好的习惯啦。在我的《缺失的女神课》里也有关于微笑的篇章，让你如何拥有元宝嘴的微笑，可是招福纳财的笑哦，大家可以翻阅作为参考。

写下这篇关于微笑的章节，忍不住微微一笑。我想，我写此篇的初衷，便是只愿世间女子都有好看的笑，也唯愿人间处处有微笑。也开始回忆我每次陶醉在工作投入状态下最美的笑容，很多时候非常的享受乃至沉浸在笑的世界。那天直播，大家说老师你的笑太感染人了，严肃起来的表情好强势哦，而笑得好甜好甜是你最美的时刻。人世间没有事事如意，一笑而过未尝不可，所以我们哼起一首歌:笑一笑，好事要来到。每天好时光，每天好运来。修炼和拥有迷人的微笑，带着这份笑走遍你想要走的世界。

Class 3 职场里，暂时忘记你是一个女人

你站在镜子前，认真地、不带偏见地去看自己，接受自己作为所有女性的优点和弱势，才是真正通向职场成功女性的第一步。

很多人对职场女强人都有一个误解，或者觉得在性别歧视严重的社会，女人获得职场认可比男人更难，于是自动把自己看为弱者，不思进取，也有一些人觉得女强人就是对家庭对伴侣完全不管不顾，一门心思放在自己的工作上，即使取得很高成就，也注定是一个孤苦寂寞的人。这都是非常错误极端的观念。

在我理解中，一个优雅的女人一定不是软弱无能或者刚硬无比，她一定有属于自己的事业，自己的生活，自己的人生选择，从不依附于伴侣，甚至能辅佐对方的事业，为他前行的每一步出谋划策。

这种女人，才是人生最大的赢家。当我们越来越强大时，这个世界就会变得不那么尖锐和刻薄，所以认清我们内心的想法，为自己而努力是非常重要的。

假如你是一个文艺女青年，那么给自己流浪的空间，有能力让自己不身陷于柴米油盐的烦琐生活，这就是强！

假如你是一个追求物质的女人，那么努力挣钱攒钱，精通各种理财手段，每天看着存款往上涨，这就是强！

假如你渴望成就一番事业，得到财富声望、社会认可甚至是女总统，那么你要勇敢地参与竞争，表达自己，创造晋升条件，这就是强！

只有我们强，世界才会弱。因为对女性来说，让别人瞧得起你的第一步，是自己要认清、接受自己，完善自己，这一步，从职场开始。

不要觉得自己技不如人

现在很多女性在工作上缺乏自信心，如果一个男员工的某个项目大获成功，团队为他庆祝的时候，他会非常骄傲，觉得自己理所应当得到这些褒奖；但如果是女员工，同样的成功，团队的其他人越是夸她，她越会觉得自己承受不起，仿佛自己的成功不是实力 + 运气，而是运气 + 侥幸。

桑德伯格自己就经历过这样的心理变化：在她帮助前东家 Google 获得市场的重大突破后，Google 内的员工集体来为她庆贺，公司的每个人见到她的时候都会拍拍她的肩膀，表示祝贺，但桑德伯格每次的回复都是：哦，太谢谢你了，我真的没做什么。直到后来，有下属实在看不下去了，对她指出：你要积极回应别人对你的夸奖，这是你应得的，说谢谢就好。

而这种心理带来的直接影响就是，在年终总结的时候，女性员工会低调地表示自己的成就，而男性员工则会适当夸大，导致领导以为前者实际上没为公司做出什么贡献。

要知道，现在的社会已经越来越认可女性的能力和地位，理所当然地接受赞扬并且表现出自己的才能，才会让我们更出色。

敢于谈判

很多人会规劝，女性在职场中不能表现得太激进。

你的才能是敢想敢言还是颐指气使，并不是别人的看法决定的，而是我们的实际行动，更或者说，是我们的行动得到的世界的反响，一种回声，这个才是最重要的。

IBM 总裁周忆在她的职场书《绽放》中这样为年轻的职场女性提出建议：学会箭在弦上，引而不发，当你遇到一个情景，觉得应该反击的时候，其实你的箭已经搭在弦上了，越到这时候，越要忍而不发——重点是，要让对方感觉到你的忍，而不是你的怂。你可以随时发出那支箭，这种感觉才是最棒的。

这好像是一种水和火的洗礼，但最重要的能力是，你要知道它们，读懂你的对手，然后后发制人。很简单，先把对方的话听清楚，让他们亟不可待地表达自己的观点，你只要好好听，然后发问。问到一定程度，你会发现对方开始思考自己的想法是否绝对正确，这时你再说自己想要说的内容：我认为这件事，可以这样考虑，第一第二第三……这之后的话往往威力巨大，对症下药，辩无可辩，对方会在认同你的专业性的同时，也认同你的女性沟通方式。

当然，如果明白自己能够为公司带来的核心价值，在这个基础上，不带攻击性的谈判，反而能取得事倍功半的效果。

职场无男女

有些女性一开始就把自己的定位放得很低，她们觉得自己作为女性就已经是弱者了，时常在工作中强调自己的性别特征，不愿意挑战更高职位的工作，但实际上在真正的工作中，没人会在意你是个女人。

女人从来不是弱者的名词，相反我们可以利用女性的特点和优势，把自己手头上的工作做得更出色，比如细心，比如更有亲和力，比如耐心等等，这些是比暴力更有用的武器。直到有一天，你站在镜子前，认真地、不带偏见地去看自己，接受自己作为所有女性的优点和弱势，才是真正通向职场成功女性的第一步。

Class 4 想不是问题，做才是答案

简单来说，我想做什么＋我能做什么＋我要怎么做＝职业规划，对于一个女性来说，这个自我梳理的过程更加重要，但是所有的设想都需要实际行动，否则一切都是空谈。

现在 80% 的人一辈子都不知道自己想干什么以及该干什么，并不是每个人都做着适合自己的职业，尤其是自己喜欢的事情。也有一些人听懂了自己的心声，却因为各种原因没能得到自己喜欢的职业。经常有朋友问我：郑老师，您觉得我适合从事什么工作？我适合做什么？在职业方面有没有好的建议？实际上，这些问题归纳起来都是一个自己了解自己的过程。

简单来说，我想做什么＋我能做什么＋我要怎么做＝职业规划，对于一个女性来说，这个自我梳理的过程更加重要，但是所有的设想都需要实际行动，否则一切都是空谈。

首先我们要做的三件事，是从内向外的一种了解和思考：

1. 对自我检测与认定

可以列出包括从兴趣爱好甚至到三观在内的自身情况，来分析个体本身在某一领域立足的可能性。

我们了解自己，就要把自己的标签全摘掉，什么内向／外向，什么偏好，什么不喜欢设计，做不好销售之类摘掉，尝试一些自己没尝试过的东西，充分独处，和自己对话，明白你的优劣势，然后和自己搞好关系，接受真实的自己，善待自己，并在此基础上完善自己，这对于匹配职位的帮助非常巨大。

此外就是清楚我们需要的东西，比如收入、学习机会、空闲时间、名望、发展空间和晋升机会。特别要注意的是学习目标，无论你是否有着足够野心想去超越自我，登上更高的职业高峰，在任何一行，不保持充电，都有被不断激烈的竞争淘汰的可能性。

2. 对职业掌握了解

对于对未来感到迷茫的大学生来说，有很大原因就是自己甚至对于某一行业不了解，仅凭父母朋友粗略描写，就给该职业填上了不客观的标签。

实际上当我们找到合适自己的职业后自己百度就可以了，多看看相关资料。不过这里还要讲到一些行业问题，因为行业不同，职业发展也会受到很大影响。

比如希望从事市场类工作，即使是市场部经理这样一个具体职位，就可以从零售到团购，从教育到医疗。

提前了解某一行业，可以快速帮助筛选；选择深入了解某项领域后，可以打破 HR 对你没这方面经验的质疑；在进入这一行后，也能更好适应。

我们可以根据职位找出能吸引自己的公司发出的招聘，以此为目标领域。

梳理职业岗位的工作内容、工作性质和对从业者素质的要求，可以向亲朋好友中做过相关工作的人了解有关情况，也可以向从事这方面工作的其他人请教，他们经验丰富，体会深刻，能给你提供具有指导意义的信息，他们工作过程中的失败教训，对你可以起到预防的作用，而他们的成功经验又是你可以借鉴的。

3. 对环境背景分析

不同年纪的人、不同地方的人要考虑的因素当然各不相同。有些如产品经理的职位其实成熟也不过几年，职业发展趋势会影响个人未来发展。

关于这一点，很多女性都会有疑惑：到底回老家还是留在学校所在城市还是到北上广深杭发展？其实最主要的是能想清楚自己想做什么事，地域问题就没什么困惑了。我们可以做一个分析清单，列出考虑这样工作的原因，以及优势、潜在风险，比如当我们在深杭、学校所在城市或者家乡之间实在无法抉择，不清楚自己能否适应某个地方，那么写下所有原因，可以按照 SWOT 分析法（优势、劣势、机会、威胁）来对照自己。

剩下的就是尝试了，因为所有想的都是想的，你可能错误地预估了自己的心理承受能力，或者兴趣爱好所向，我们常高估试错成本，又低估选择成本。但是年轻最大的资本就是试错的时间，再美好的设想，试过才知道不适合自己，没关系。重要的是：体验、经历、收获。

Class 5 少说多做——职场生存法则之一

不做语言的巨人，行动的矮子是职场女性秉承的原则。

沉默是金已经不再是职场上的金句，但是在合适的时机，把握好说与做的尺寸，却是非常重要的。优雅的职场女性之所以拥有强大的气场和魅力，不是因为个人的业务能力和知识水准；而是她的职场素养和情商。能在职场上叱咤风云的女性，懂得经营自身的优势，做到张弛有度，如鱼得水。不做语言的巨人，行动的矮子是职场女性秉承的原则，因为话说得多了，自然就不能再像过去那样将注意力集中在做事情上。而有时候，说得多了，难免就有口误，有时候得罪了人也不知道，这会给我们日后的职场生涯埋下地雷。

很多时候，我们有的话没有经过深思熟虑就说出来了，只会显得轻率而且不负责任，将时间过多地用在说的上面，就会延缓我们的行动，分散我们的精力。古人说得好，言多必失。在工作中，总有一些人，他们说起话来口若悬河、滔滔不绝，说尽了大话、空话、套话，可一旦较起真来，就黔驴技穷、原形毕露了，给集体、他人和自己造成极坏的影响。

少说什么？

第一，抱怨的话少说

抱怨是一种非常负面的情绪，而且很容易传染人。也许你手头上有一堆急着处理的公务，而新的项目又来了，同事误解你的用心或话语了，一直想提又不敢提的薪资上调请求……无论我们内心有多委屈和难受，记住不要把自己变成一个成天抱怨的怨妇，这对解决问题没有任何帮助，更不会收获同情，除了损坏我们的职业形象，没有任何益处。所以，少说的第一个，就是抱怨。

第二，他人隐私八卦少说

每个人都有自己的秘密，有时候并不想告诉别人或者让人知道隐情，哪怕关系要好的同事把自己的隐私信息告诉你了，也就听听而已，因为只有足够的信任才会愿意对你吐露心声。如果有一天，他从别人口中听到了这个秘密被曝光，第一个想到的肯定是你，毫无疑问，你已经担上了议论他人是非的罪名，也许别人表面不会说什么，但是不管是当事人还是旁听者，都会觉得你不是一个可靠的人，往后没有人愿意跟你推心置腹了。

第三，敏感话题少说

比如关于职位变动、岗位薪水或者上司情感婚姻问题之类，一定要少说。很多人私下里喜欢讨论这些问题，但是职场上你永远不知道谁是敌人谁是朋友，可能你无意间在茶水间或者厕所的一句话，就传到了别人的耳中，或许在这家公司的发展前景就此中断也不一定。

第四，工作机密少说

说话谨慎也包括我们在工作中涉及的机密事件，一定要做到守口如瓶，这是基本的职业操守。如果随便乱说话，说者无意听者有心，你无意中泄露的机密传到竞争对手那里，给公司带来损失，甚至承担法律责任，那真的是百口莫辩。

多做什么？

第一，工作相关的事情

当我们熟悉某一个岗位之后，很容易出现倦怠心理，因为许多事情你可能只用两个小时就能处理完，但是你却不得不待在公司八个小时。这个时候做自己的事情显然是不合适的，万一被同事或者上司看到，还会造成很不好的影响。我们可以做一些工作相关的事情，比如收集市场同行资料，看一些公司过往案例，或者整理自己的工作文件夹等等，一切让自己更好完成工作目标的事情，才是我们在工作时间段该完成的。

第二，有难度的事情

　　主动承担有一定难度的工作，并且努力完成它，不仅能让自己有进一步提升，也能为自己的职业形象加分。公司在不断成长扩大的过程中，我们个人职责范围也一定会随之扩大，不要总是拿"这不是我应该做的事"来回避，俗话说能者多劳，只有让自己成为无可替代的那个人，才能在职场立于不败之地。

　　第三，细小平凡的事

　　比如茶水间换个水，同事忙不过来的时候，顺便帮忙带个午餐定份饭，地上有垃圾的时候顺手捡一下，保持自己办公桌面干净整洁，加班回去的时候随手关灯关空调，开完会后，把桌椅归位等等，任何细小的事情都不要因为平凡而不做，它们能体现我们的关注细节和敬业精神，不管有没有人看得见，坚持下来，我们一定会在人群中脱颖而出。

Class 6 不露痕迹的实力 "表功法"

有时候，比起自己开口直接表功，通过别人的嘴去表现反而会更有效果。

女性在职场中的晋升都是比较艰难的，尤其是在一些大中型企业，工作时间长了，我们会发现，晋升的希望真是相当渺茫，很多工作多年的老前辈一直排着队等着呢，我们要怎么做才能迅速获得机会，是每一个女性内心的疑问。

想要得到好的平台和待遇，我们要先看看自己是否具备这样的条件、能力、技巧、自信和态度。这是我们在职场站稳脚跟需要具备的基本条件，但是并非所有能力都有助于我们事业的发展，生活中常有这样的情况：有的人做了很多，但升迁、涨薪的往往不是他；有的人虽然做的不是很多，但却引来老板的赞赏、同事的羡慕，加薪等好事自然也尾随而至……

相信每个人都想做后者不想做前者，但是在如何表现自己能力和出风头之间达到平衡是一个问题。很多女性，刚到职场锋芒毕露，显示高人一等，觉得只有这样才能快速地让领导看重自己，忽视了其他同事的感受，失去了人缘，成了职场的边缘人，被领导最终认为不低调韬晦，没城府，没手腕而弃之不用，这样是非常得不偿失的做法。那如何在埋头苦干时，有技巧地让自己的上司看到我们做出的成绩，获得公司前辈的支持和认可，让我们的努力获得回报呢？

选择合适的时机说

在推崇"团队合作"的公司里，即使你是块金子，领导也不一定能看到你闪出的光。那些奉行埋头苦干原则的员工，也会辛酸地发现，即便自己是任劳任怨最辛苦的那一个，而在加薪升职时，却不是最先被考虑的那一个。

原因在于，我们的成绩，领导没有看到。因此，学会"说"出你的成绩，学会表现自己很重要。

向领导表功的"说"法千万种，但总结起来就是这两种：一是当面和领导说。比如，做一个项目时，就项目的难点向领导请教，既让领导知晓我们在做这个项目，也是在向领导宣告，这个项目有多难做。而项目谈成时，可以此为名义，请领导和同事吃饭，名为庆贺，实则告知领导：瞧，这个堡垒被我攻下了。

二是借工作总结说。每完成一个项目，最好养成习惯将项目完成前后的过程写成书面报告，细数自己的得失成败。这既让领导知道了我们为这个项目付出的辛劳，也让领导因这份认真和严谨而对我们刮目相看。

每年的年终总结，更是"说"的最佳时机。一般说来，员工本年度的职业表现，是年后人事升迁、调动的重要依据，若年终总结"说"得漂亮、打动人心，会为自己加分不少。我们可以借机细数一年中自己的每一项成绩，又认真总结经验教训，既实事求是，又充满感情，字里行间尽显一个既能出色完成工作，也不回避失败教训的职场女性形象。

但"自己主动说"的禁忌蛮多。比如，如果一味强调自己的付出，会令我们的团队合作精神大打折扣。

巧用 E-mail 的功能

值得注意的是，如果事无巨细都 E-mail 给领导过目，很容易引起领导的怀疑和反感。小丽在公司市场部工作，主要职责是对近期公司的市场情况进行调查和反馈，把数据整理出来进行系统分析，并形成书面文字，把它交给自己的直管领导，以便对公司下一步的经营决策起参考作用。

这项工作，是显而易见的烦琐，但更让小丽心不甘情不愿的是，每次她的直管领导捧着这一堆她精心整理出来的资料向老总汇报工作时，对老总的称赞从来都是受之无愧，而从不提及小丽的辛劳！

有一次，小丽加班到深夜，才做完冗长的数据分析，像往常一样把资料 E-mail 给直管领导，但一不小心，点成了群发，于是，老总也收到了这份邮件。第二天，小丽就被叫到总经理办公室，生平第一回受到老总的嘉奖。

后来，小丽会巧妙利用 E-mail，有意无意地把工作成绩"失误"地抄送给老总一份。半年后，她的直管领导调至其他部门，老总直接钦点她主持部门工作。

在这里，我们需要掌握一个原则，那就是有选择地将最能体现自己能力的工作成绩展示给领导，频率不宜过高。如果事无巨细都E-mail 给领导过目，一则领导没有这么多时间看，二则很容易引起领导的怀疑和反感。

借他人之口来说

有时候比起自己开口直接表功，通过别人的嘴去表现反而会更有效果。如果你是一个羞于表现自己的人，那么在职场中找到一个心心相印者，借别人的口，说自己的话，是再好不过的事情了。当然，"借他人之口说"的前提是，作为员工的你，确实在做事，且做得不错，否则就难免有"狼狈为奸、沆瀣一气"之嫌，反而让上司对你失去了好印象。

Class 7 智慧的女人，总是与上司相处愉快

在职场中，发挥好个人优势，掌握与上司的相处之道，可以让女性更加自信，更加优雅，善于经营自己的职业生涯，会让你出类拔萃，显得与众不同，所以，找对做事的方式，跟做好事情是同样重要的！

一个优雅的女人会懂得如何运用自己的智慧与上司良好相处。几乎每一个职业女性在她或长或短的职业生涯中，都会遇到一个直接或间接影响她事业、生活、价值观甚至世界观的上司，也许对方内向、或者开朗、或者霸道、或者严谨、或者可恶，但是不管是哪一种，我们只要掌握好了与上司相处的基本原则，就能游刃有余地在职场上大展身手。

与上司相处，必须遵循以下原则：

1. 不要一味附和

决策前可以讨论，但是执行时不要质疑每个人都有自己的观点和看法，在商讨某个项目时，我们不一定要附和上司的看法，相反，这个时候要主动提出自己的想法，让人觉得你确实是在用心用脑地做事。上司不管是男人还是女人，必定有一些自己的弱点，所以在提出质疑时我们也要注意方式，但是一旦决定了，开始执行时，就不要再坚持己见，而是应该全力配合自己的上司，把事情做到最好。你的上司之所以做到现在这个职位，一定是有他的过人之处的。不要因为意见不合而影响整个团队的工作效益。

姗姗是一名很有自己想法的女性，她在工作中总能提出一些独到的看法来，让上司对她另眼相看，但是她也非常固执，有时候认为领导的做法不对，就会非常执拗地违抗工作。有一次她指出合同上的一个错漏之处，上司不以为意，于是她私自改了这个地方，结果带来一场巨大的损失，本来客户因为这个合同错漏细节，以为自

己占了便宜，结果改了之后，客户就把注意力放到其他上面，结果迟迟没有签下合同。

所以，我们应该注意，执行上司命令的过程，不要一意孤行。

2. 不要忘记对方是你的上司

在职场中，经常有这样的情况，昔日的朋友姐妹成了自己的上司，双方角色发生了改变，但是却有很多人认不清，还是像以前那样对待自己的上司，在别人面前与上司无顾忌说话和开玩笑，在路上将手搭在上司肩上，从没有想过作为上司作何感想。或者因为上司平易近人，平时生活中也会有一些聚餐或交际，就以为自己跟对方关系很好了，在工作当中往往得意忘形，不顾上下级关系，做出一些不适宜的举措来。不管我们与上司的关系如何，不管上司多么的平易近人，请保持与上司的距离，在职场，同级之间有姐妹朋友可言，但是上下级不要感情，最终受伤害的将是自己的职场生涯。

3. 少提意见，多提建议

在跟上司商讨事情时，一定要记住少提意见，多提建议。想象一下，在职场中，有这么两种人，一种是看什么都不惯，总喜欢提意见，而另一种人虽然也不满意现状，但是做法更为可取，就是学会提改善建议。两者有何区别？意见是把问题抛给上司，而建议是提出自己某方面的改善方法或思路，在被人接受上会更好一些。平时我们说这个人很优秀，那么什么是优秀呢？除了把本分工作做好（这个似乎不太难）还有什么值得我们称道的呢？更重要的是善于提出自己的建议，也就是这个人是很会思考的人，因为建议是从思考当中来的。

4. 不要聪明过头

有句话说"大智若愚"，说的是越是聪明的人越让人感觉他不聪明，但是我们说聪明就聪明嘛，干吗还要装得很愚蠢的样子呢？其实这是自我保护和掩饰的一种技巧，俗话说枪打出头鸟，如果女性在职场处处表现自己的聪明，甚至抢领导的风头，这是很危险的做法。不要在上司面前过分展示你的能力，不要拿这种无谓的聪明来让上司感觉到你的威胁和抵触，假如你的上司是一位胸怀狭隘的人，对方可能觉得你不可控，从而对你产生芥蒂，影响了你最终的职业之路。

5. 少主动问及上司的生活

每个人都有自己的生活，在职场中偶尔聊聊家常也属正常，但是如果交谈双方变成了上下级，这种交谈可能会呈现更有意思的一面，我们也不要太天真，觉得领导跟你聊家常，就是把你当自己人，然后什么话题都敢说，什么问题都敢问，这只会让领导对你产生戒心——你想干什么？所以如果领导心情好跟你聊家常，请不要太沉迷其中，当聊到自己可以稍主动些，如果是领导自己在说自己，一般话题可以问问，尽量少问一些敏感的话题，如果领导不主动聊家常，也请不要在没话说的时候去问诸如领导你昨天去干吗了类似的问题，在非工作话题上，不要太过主动。

6. 不要轻视自己的上司

经常会有人问，我觉得自己上司不行，我该怎么办呀？我们知道一个人之所以能升职不外乎是靠能力、关系、学历、运气、特殊时期的特殊结果等几个方面，也许确实会有上司不如下属的，但在职场上的很多现实我们必须接受，有这么一句话叫作帮助自己的上司获得成功，当上司成功了，我们自然也会得到上司的赏识，所以与其抱怨，不如潜下心来去配合上司的工作，取得上司的信任，成为上司的左膀右臂，这个时候我们所获得的心态的成就远大于职场的成就，而这种心态的收获也将影响我们职场的前途。

7. 主动沟通，主动汇报

有些女性总认为上司不好惹，只要不发生事情都不愿意找他，有时候看到上司来了还要假装很忙从另一边走掉，其实作为管理者很多人都习惯单向沟通，即等着下属来找他沟通，却很少主动跟下属沟通，除非是出了什么事了。也就是说领导是希望和喜欢下属主动去跟他沟通的，就有这么一位领导曾经对他的下属说：我等了你几天了，但是你都不来找我。可见领导在与下属沟通上是不会太主动的，所以如果我们要获得上司的肯定，要能让上司看到我们工作的成绩，主动汇报、主动沟通绝对是一种最好的方式。

在职场中，发挥好个人优势，掌握与上司的相处之道，可以让女性更加自信，更加优雅，善于经营自己的职业生涯，会让你出类拔萃，显得与众不同，所以，找对做事的方式，跟做好事情是同样重要的！

Class 8 职场女神，你必须拥有多个标签

女人应该明白，我们的努力奋斗和自己的青春美貌一般，珍稀而有限，不要虚度了大好年华，抓住所有能够抓住的时间，为自己芸芸众生般的生命多积累一些厚度，为我们的优雅加分。

在当下的商业世界中，职场女性也逐步走向不可或缺的重要角色，比如《向前一步》的作者雪莉·桑德伯格、滴滴总裁柳青等为代表的女性高管的不断涌现，也为职场女性增添了更多独立、睿智与果敢的标签。

事实上，在女性高等教育毕业生已超过半数的今天，职场女性数量与男性数量的差距正在逐年减小，但我们女性在职场和家庭上面临着双重压力，职场女性在职业发展过程中，特别是向高管职位升迁过程中，依然面临诸多挑战。

即使是再成功的女性，职场之路也不会一帆风顺。尤其是很多职场女性，在最早几年的基础之后，就再没有新的突破，虽然工作年限很漂亮，但是并不代表经验和能力也随着增长。如果你处于原地踏步、停滞不前的状态，毫无疑问，这就是我们的工作遇到瓶颈了，我们应该怎么突破困境呢？

打造自己的专属品牌

如果我们已经不是刚入职场的新人，那么选择换一个环境，频繁跳槽以突破自己的职业瓶颈显然是不合适的。这样做，最大的不利，就是你的专业知识成长，永远只是停留在一个相对低的层次上，而这又会影响女性职位的晋升与薪水的增长。

"日本战略之父"大前研一在其专著《专业主义》中也提出了这样的观点："你凭什么胜出？未来能够牵动世界大势的，是个人之间的竞争。能否独霸世界舞台，锻造他人无法超越的核心竞争力？你唯一的依恃，就是专业。"

是出类拔萃的职业精英女性，还是一个无所作为的普通上班族，区别就在于此。给自己一个专业定位，树立自己的品牌形象，会为我们以后的职业发展增加更多有价值的筹码。试想，如果一个企业HR面对一个5年跳槽7次、接触过7个行业的职业女性，他会用你吗？这样做，只会使得我们毫无专业性可言了。

明白这件事的重要性以后，我们接下来思考的是：如何打造自己的专属品牌？

第一，知识结构的问题，要脱离具体的操作层面的问题，把你看问题的眼光放得更高一些、更远一些，成为一个具有"远见卓识"而不是"鼠目寸光"的人。你要向这个行业里最优秀的人看齐，并以他们为目标，作为自己修炼成长的榜样，一步一步弥补与优秀之间的差距。这个时候，在职学习、进修、培训等都需要提上日程，学会用新的知识充实自己的头脑。

第二，树立自己在行业内的影响力。每一个行业的优秀人才，都有自己聚集的圈子。比如哈佛商业评论网、职业经理人网、业务员网等等，都是相关人才聚集的地方。

要想成为优秀的职场人士，也必须向那些最优秀的人看齐，树立在这个行业内的影响力，用你的思想去影响别人。

培养管理者思维

有些职业女性对术十分热衷，但是要想在职场上获得更多的空间，职位上的晋升也是必不可少，这样就要求我们必须具备管理者的思维和才能。有些人会说我不愿意成为一个领导者，我只希望做好自己的分内事，我就满足了。对于抱有这种想法的人，我只能说很抱歉，这不是你能选择的。因为随着工作年限的增长，假如你的能力还只是局限在基础岗位上，那么，这样的人基本上是没什么价值的，可能随便一个毕业两三年的新人就会取代了你的位置。所以，不管你是否愿意，我们都必须把职位晋升作为你职业成长道路上的一个重要目标，并为之付出努力。

当我们有这样的意识后，在做事看待问题时，就要尝试用一个决策制定者的眼光来看问题，而不是一味的执行，要思考为什么会这么做，这样的利弊在哪里？如果是我来做这件事，会不会有更好的方法？

择良木而栖

有时候我们的选择比努力更重要，在成长的过程中，找一家具有成长潜力和发展空间的公司，并随着公司一起成长，是一件非常重要的事情。

你可以目睹一家公司从小到大、由弱到强的成长历程，对于公司的运营也会有更加深入的理解，你也能够体会到你的角色在公司成长中的位置和作用。

在公司成长的过程中，你的价值会有更大的发挥余地，会更容易展现出来。很多人在找工作时都倾向于寻找大公司，这也可以理解，但是要想快速地成长，寻找规模不太大的成长中的公司，其实是更好的一种选择。因为在成长的过程中，对于人才的需求会较为迫切，你的职位晋升也会更快。

你的忠诚度会为你的发展带来更多的回报。企业用人，其中最重要的一条就是忠诚度。没有哪一个企业喜欢朝秦暮楚的员工。尤其是现在跳槽率、流失率在众多企业居高不下的情况下，忠诚就成为一种非常难能可贵的职业精神。

女人应该明白，我们的努力奋斗和自己的青春美貌一般，珍稀而有限，不要虚度了大好年华，抓住所有能够抓住的时间，为自己芸芸众生般的生命多积累一些厚度，为我们的优雅加分。

Class 9 除了"工作"二字，职场无要事

找到自己的职场优势，发挥不可替代性，女性就要学会全方位地分析自己，知道自己的强项和优点，而经营好这些优势，会让我们更加出色。

每个人都有属于自己的独特优势，但并不是所有人都有机会充分发挥自己的优势，因为，从某个角度来说，发挥自己的优势或许将成为决定我们事业巅峰的关键所在。

在当今时代，人才济济，竞争日益激烈。想要脱颖而出，真的不是一件容易的事情，这种时候懂得发挥自己的优势，会给我们有力的帮助。

不论是生活中还是职场上，发挥个人独特的优势，会让女性更加富有魅力，更加优雅，而善于经营自己优势的女人，更是显得出类拔萃，卓尔不凡。

所以，找到自己的职场优势，发挥不可替代性，女性就要学会全方位地分析自己，知道自己的强项和优点，而经营好这些优势，会让我们更加出色。

敬畏心理，是最完美的工作态度

职场是一个不断积累的过程，你手头的工作，虽然看起来不起眼，却是你前进的基石，你完成得完美程度将决定你的职场前途。在老挝，阿内特也可以像其他人一样，不必那么拼命，可如果只是那样，他凭什么能脱颖而出？不要觉得眼下的工作无足轻重，而应该打起十二分精神，问问自己：眼下的工作做不好，将来我还会有机会吗？做好每一份工作，踏踏实实地登上职场前进的台阶。

美国首任总统华盛顿谈自己走向总统宝座时的感觉，说"像是走向刑场的囚犯"。说出这样的话，那是因为他并没有将总统宝座当成是荣耀与权力，而是将其当成了自己的义务与责任，因而心怀

敬畏。身在职场，工作是我们的职责，更是我们的前途，是我们安身立命的根本，我们更应该对其心怀敬畏。

所谓敬畏，含有"怕"的意思。为什么会害怕？因为你在乎你的职位，珍视你的公司，重视你的职责，所以才会害怕因为自己做不好而影响公司的利益，因而做起事来才会更有责任感、更有使命感。敬畏你的工作，你才能将工作做得更好，才能取得更大成就。

注重细节，是最谨慎的工作习惯

女性在职场上最大的性别优点，就是心更细，更注重细节，这是一个非常好的工作习惯，我们应该学会利用并且发挥这种优势。而看不到细节，或者不把细节当回事的人，会慢慢形成对工作缺乏认真的态度，做事情敷衍了事。这种人无法把工作当作一种乐趣，缺乏工作热情。这样的人永远只能做别人分配给他们做的工作，即便这样也不能把事情做好。而考虑到细节、注重细节的女人，不仅认真对待工作，将小事做细，而且注重在细节中寻找机会，从而使自己走上成功之路。

密·凡·德罗是 20 世纪最伟大的建筑师之一，在被要求用一句最简练的话来描述成功的原因时，他只说了五个字："魔鬼在细节。"他反复强调的是，不管你的建筑设计方案如何恢宏大气，如果对细节的把握不到位，就不能称之为一件好作品。有时，细节的准确、生动可以成就一件伟大的作品，细节的疏忽则会毁坏一个宏伟的规划。

正如美国成功学大师戴尔·卡耐基说，一个不注意小事情的人，永远不会成就大事业。

不断学习，是最有效的工作方式

人的核心竞争力源于创新能力，而创新能力则来自不断的学习。因而，学习能力是一个优秀的职业女性必备的素质，也是一个女人让自己成为企业发展动力的有效途径。

不断学习相比我们过往的经历和证书更为重要。一个现在有能力的人，无论他是博士、硕士，还是高级工程师，如果不注重学习，也会落后，变成一个"能力平平"的人。而一个暂时能力不是很强的人，只要坚持学习，善于学习，就一定会成为一个能力出众的职业精英。

西方白领阶层目前流行这样一条知识折旧定律："一年不学习，你所拥有的全部知识就会折旧80%。你今天不懂的东西，到明天早晨就过时了。现在有关这个世界的绝大多数观念，也许在不到两年的时间里，将成为永远的过去。"

现在知识老化得很厉害，每10年甚至更短的时间内知识就要更新一遍。每个人都不能光靠过去所学的知识来工作，而要不断地学习。

Class 10 换位思考，谁温暖了谁

常年行走职场的女性懂得，解决问题比追究责任更加实在和重要。

人在职场修炼的最高境界不是掌握独门技术，技术高超固然重要，但仅有高超的技术并不说明你是一个职场高手，高超的技术需要依托于丰富的人脉资源来发挥作用。这就是所谓的领导力范畴，一个优雅的职场女性除了具备丰富的技术技能之外，还要掌握人际技能，这种技能的提升，通过换位思考可以获得很大的进步。

首先我们需要明白一点，不同意见，一定是因为不同的立场。

所有的内部问题，都是沟通问题。而所有的沟通问题，都是自我意识过强的问题。意见相左时，稍微考虑一下对方的角度，没必要四目相对分外眼红，谁跟谁都没有私仇啊。

学会换位思考，理解别人这么做的原因，互相为对方着想，控制好自己的情绪，放弃追究这件事的责任，以解决问题为中心，双方一起努力将问题解决掉，弥补损失，这才是解决问题之道，才能促使双方统一起来。常年行走职场的女性懂得，解决问题比追究责任更加实在和重要。

如何进行换位思考呢？

换位思考，不是替对方想，而是站在对方的角度想，再说细点，是把自己代入对方的角色去想，这个时候我们看待问题的角度就会完全不一样，之前难以理解的事情就会变得情有可原。

要做到有效的换位思考，必须做到以下几点：

1. 从出发点着想

很多时候，我们意见的不统一，都是源自各自代表的利益和出发点不一致。比较典型的矛盾组合就是市场营销和销售团队。以花

钱为主的市场营销工作人员，跟以卖货赚钱为主的销售人员几乎有着天然的矛盾。

销售团队的人总会明里暗里地抱怨，你们营销部总是乱花钱，可做的事，又看不到什么效果。而营销部的人则会嫌他们鼠目寸光，没有战略眼光，有些钱是做长远品牌建设的。但实际上双方都没有错，只是缺乏对各自出发点的认识，从公司整体效益来看，这并不冲突。

2. 从大局着想

即使在工作中，自己认为领导批评有错的时候，不要贸然反驳，而要冷静思考，或许领导有他自己的考虑。要树立大局意识，多从对方角度想问题，主动诚恳地接受批评，也要有自我批评的勇气。与人发生矛盾时，不要总把目光盯在他人身上找原因，也要从自己身上查找问题。

3. 欣赏他人

身为职场的人，工作的需要避免不了要与很多的同事、合作伙伴打交道，而每个人身上都或多或少会有些缺点，当你发现的时候，不要用放大镜去放大他们的缺点，而要用望远镜去欣赏他们的闪光处，这样才能更有利于你们的友好相处，还会让你不自觉地向别人的长处学习。

由于每一个人的文化水平和自身所具备的素质不同，所以对于同一个问题，其看待方法也是各不相同的，在你的眼中别人的优点可能会是缺点，缺点也可能会是优点。所以，不要刻意去抵制别人的缺点或是指出别人的不是。发现了别人身上的优点一定要懂得去欣赏，而不是去在意人家的缺点。有时同事之间的小小的摩擦就是在这些优点与缺点中建立起来的。所以，在与同事相处的过程中，就要多去用欣赏的眼光看待别人的优点。这样有助于改变你自己内心的想法，消除那些偏激的或是不利的想法，去战胜自己心中的邪念，也有利于给别人一个工作上的支持，使其精神上更加饱满。

4. 己所不欲，勿施于人

这是非常重要的一点，如果自己都不喜欢的事情，就不要强加给别人。强人所难之所以非君子所为，原因就是它是一种不道德的表现，违背了道德的行为是不被人接受的。同事之间的相处，若有这种行为，是不为人所接受的。

一个部门的同事能够和平友爱是一件令人愉快的事情，为什么要把彼此之间的关系搞得那么紧张呢？大家既然有缘在一起共事，理应互相照顾，互相帮助。如果大家都能多一份爱心，给同事一些温暖，用真诚的心对待他们，你获得的也将是真诚。不要强人所难，让别人做他们不愿意做的事情。

尊重别人的意愿，不强人所难，让别人体验到满足需要的乐趣。既然你不愿意满腹委屈地做自己不愿意做的事情，就不要强人所难。换位思考一下，让彼此均感受一份温馨。

Class 11 事业永远不是家庭的对立面

我们不用将家庭看作沉重的负担，也不需要在职场上充当"女强人"，其实家庭也属于职场，真的经营好了，它就是一辈子的事业。

女人是家庭的重心

在人的一生当中，心态决定命运。在家庭当中，女人决定家运。在一个家庭当中，女人相当于"宇宙"的核心，女人自身是怎样的个体，家庭就会是怎样的风格。

作为一个女人，在美丽自我的前提下，我认为还是应抱有以家庭为主的心态。女人绝对不能走向男人的道路，不能让自己成为所谓的"女强人"。这个世界上每个人都有自己的位置，都有自己的分工，按道家所说就是阴阳和谐。作为一个女人，就应该扮演好那一份"阴"，如果都成了"阳"，这个世界一定会乱。

我身边曾经有几位大姐，事业非常成功，但是她们却对我说过同样的话："我活了50多岁，虽然事业很成功，最终却离了婚。原以为自己越坚强就会离幸福越近一些，到最后却发现自己已经失去了做女人的权利，我绝对不能让我的女儿重蹈覆辙。"

男人要的是崇拜，女人要的是心疼，选择伴侣不仅是选择一个人，更是选择一种生活方式。在未做事业之前，我从来不喝酒，也不喜欢抛头露面，我始终认为女性无须张扬。在家庭中，女人决定了上一代人的幸福，这一代人的快乐，下一代人的未来。有智慧的男人应该让你身边的女人终身进修，有智慧的女人应该把学习当作一生的必修课，将家庭作为生活的重心。

女人一生最大的事业就是经营好自己的老公，经营好自己的孩子，经营好自己的家庭。

作为女人，有时候没那么多的要强反而很好。

在这个世界上，我们每个人的生活方式都不尽相同，但是我们作为女人，经营好自己的家庭却是万法归一。我们不用将家庭看作沉重的负担，也不需要在职场上充当"女强人"，其实家庭也属于职场，真的经营好了，它就是一辈子的事业。

和谐，让幸福变得简单

一个家庭的幸福其实很简单，就是一个字——融，这个融指的就是和谐。这个融字放在别的地方一样适用，比如现在社会上经常会举办一些旗袍会，但是真正懂旗袍的人却不会去，因为这些旗袍会商业气息太浓，没有一个真正和谐的气氛。这个融放在家庭中，就是让家里所有的事物和人都融为一体，成为一个和谐的，令人寻味的画面。在家庭中每一个人都是画中的一处绝笔，让人感觉这个家就应该是这样的一个气氛，就应该是这样一个美的环境，每一个来到家中的人都会感觉到舒服，甚至不想离开。

想要做到这样的和谐，就必须先整理好自己，如果一个女人连自己都整理不好，怎么能整理好一个家？这就像古代的名句"一屋不扫，何以扫天下"。真正的道理都是相通的，所以我们先要整理好这个"屋"。

我经常和北京的一些异性朋友交流，这些朋友都是一些事业非常成功的企业家，但是有的人却跟我说不想回家，因为家里真的很乱。这种话其实是男人最直观的表达，男人想要的就是一个整洁温暖的家。

人在得到一些东西的时候肯定也会失去一些，上帝对人永远是公平的。一个女人不可能十全十美地占有所有东西。所以我们需要改变自己，家庭幸福的时候肯定会失去一些东西。比如我的一个学员，她年纪轻轻已经在检察院担当处级干部，但是她在家里却什么都不做。她的老公回家能吃到的，除了速冻饺子就是速冻馄饨，其他的都没有了。虽然她在其他方面很优秀，但是她的家庭却不太好。

为了和谐的家庭，不如将事业排在第二。虽然我们在事业上可能会失去很多，但是一个幸福美满的家庭，是所有人都希望得到的，当我们融入了家庭，让这个家幸福了，自己的幸福指数也会更高。

第7章

处 世

做一个通透圆融的女子

生活最大的艺术，是处世的艺术；生活最高的哲学，是处世的哲学。世间万千悲喜事，全在于你的处世态度。卢梭说过："一个女人可以用化妆品使她出一出风头，但是获得别人的喜爱，还要依赖她的人品和处世手段。"真正的女神，参透了人生，看淡了得失，通透圆融，于流光岁月中不动声色，令人动容。

Class 1 精神世界，决定一个女人的层次

所有不舒适的伪装都难以长久维持下去，我们要做的是把它变成自己身体的一部分，刻进生活的点点滴滴中。

女人的美，有千万种，但是真正拥有自己独到的处世哲学和价值观，不受外界负面思想和传统观念所左右，有可以承载自身价值的事业与精神追求，活得自信淡然，泰然处世的女人，却特别的少。

这类女人，优雅来得不费吹灰之力，仿佛这是她们一门与生俱来的技艺，浑然天成。那份优雅，来自发现自己完善自己，和坚持自己。那是一种无论世界如何变，都不会受外界影响的自信和淡定。

但是很多人会在物欲横流，审美日新月异的当下，迷失了自己的内心。于是优雅成了清一色的锥子脸大眼睛；优雅成了自拍照里怎么都摆脱不了的嘟嘟嘴和尢辜眼神；优雅变成了微信圈里流行的书籍封面和旅行摆拍；优雅成了咖啡馆红酒杯的代名词……

这些跟随潮流的表象，只能显露我们内心的怯弱和肤浅，真正优雅的女人，她们的底气从来不需要这些来支撑。

很多朋友会问我：

郑老师,你说我穿什么风格的衣服比较好看？最近流行复古哦!

郑老师，最近大家都在做一字眉了，我要不要也去弄一个？

郑老师，你看看我化什么样的妆最适合？

郑老师，现在善于酒桌应酬的女性很受欢迎，我要不要改变一

下？

每次听到这些问题，我都不知该如何回答，因为她们在发现自己独一无二这一步上，就已经失败了。女人的美丽不止一刻，心动不止一面。一个优雅的女人必定是有自己独特的风格，而这种风格往往会让人过目不忘，留下深刻的印象。就好比万花丛，你不必羡慕娇艳似火的玫瑰，也不必羡慕寒霜傲骨的蜡梅，更不必为自己不是出淤泥而不染的清莲而自卑。任何一朵花都有自己的风采，都有独属自己的味道。就好比那些古朴小镇，为什么会有那么多人为它们着迷呢？当你穿过城市林立的高楼大厦，站在灰瓦白墙的小院门口时，一定会被这种古朴天然的风格深深地震撼。那是一种旷世久远，遗世独立的美。

虽然这些老房子小街巷不如城市崭新、干净和便利，但是它保留了一份与当地风情相融的韵味，它承认自己的古旧，并且坚持了这份特别，形成了自己独特的美。

如果硬是在这个古镇上安个当下流行的现代风建筑，修个欧式大喷泉，再整个花园，那是种什么感觉？非但没有美感，反而丢掉了原本属于它的风韵。这恰如一个女人的优雅和美丽，只有做到不受外界影响时，她的美才是独立的、不可复制的。我们无须去模仿他人，也不用追逐时下流行风尚和审美偏好，而是在接纳自己原本模样的基础上，挖掘和完善属于自己的那一份优雅。就跟这房子一样，不管建筑界流行怎样的风格，不管世人的审美偏好如何，它都没有迷失在这种变动中，而是坚持做最好的自己。

好莱坞的很多美女明星，她们都有各自独特的美丽，或古典高贵、或野性魅惑、或烂漫无邪，她们的美，有如一杯醇酒，几十年后品尝起来，依然香飘满室，久而不散……

那是因为，她们并没有因为时下流行的审美而改变自己，去垫高鼻梁，开大眼角，或者瘦成闪电，她们发现了属于自己的那一份特别，并且在这嘈杂的世界中坚持了这种特别，最终形成属于自己的优雅之风。就像，在我们心中种下一颗优雅的种子，我们在纷乱的世界中守住这颗种子，灌溉它，呵护它，壮大它。

如果你是个性格恬静，面目清淡的女子，那就不要勉强自己开朗外向，强求那一份热烈奔放的瑰丽；如果你是个爽朗大方好动的女子，那就不要束缚自己的笑脸，把浓郁的颜色掩藏起来。我们能做好的，不是世俗标准里面的优雅女子，而是最真实、最完善、最独特的自己。造物主是公平的，作为女人，一定有她独特美丽的一面，没有一个女人是不值得称赞的。有的女人眼睛是她的灵魂，她可以用她的眼睛说话；有的女人拥有吹弹可破的皮肤，洁净纯美；有的女人一头秀发让人无不为之倾倒。即使你的外表没有一样可以让你傲视群芳的，但是，你别忘记，你还有微笑，"一笑倾人城，再笑倾人国"，冷若冰霜的美貌怎么能够比得上一个真诚、愉快的微笑呢？

保持优雅，需要长期训练和坚持；真正的接受，是一种习惯，是一种发自内心的行为，是一种让自己舒服的状态。所有不舒适的伪装都难以长久维持下去，我们要做的是把它变成自己身体的一部分，刻进生活的点点滴滴中。也许将来我们会面对很多的困难，也许生活会遭遇一些意想不到的变故，也许我们的容貌体态会日渐衰老走形，也许我们会遭受很多人的质疑和打击，但是无论如何，请保持自己内心的那颗名叫优雅的种子，那是我们对抗这个善变的世界最有力的武器。

富足的物质或许可以辅助我们在优雅这条路上越走越好，但是一个精神世界荒芜的女子，却只能算作披着优雅的外衣，却并没有领会其真谛。

我曾经在书上看过这样一个故事：有个教授走到了小镇最穷的那户人家家里，这家人特别的穷，一贫如洗，破旧的房屋，破旧的家具，里面住的人也穿着破旧的衣服，但是这个教授却说他们一点也不穷，所有人都很好奇，因为这家人是他们公认的最穷的人家，看着大家疑惑的表情，教授指着一个不起眼的角落，缓缓地说："他们并不是真正的贫穷，他们还有放了书的书架，他们的精神是富足的。"

这个故事让我感触很深，因为这些年的努力让我明白一个道理：精神世界的丰富，决定了一个女人层次的高低。一个优雅的女人，首先源自于她精神世界的富足。但是很多人不以为然，因为在现实社会，我们很难选择自己的出身，很多时候我们甚至还得为生存而拼搏，那种从容淡定、不动声色的优雅，似乎只有富足的物质才能供给。保养容颜需要钱，漂亮的衣服首饰需要钱，说走就走的旅行需要钱，悠闲舒适的生活需要钱。优渥的物质条件，似乎才是优雅的保障。

但，果真如此吗？

我见过很多物质条件优越的女人，她们穿着名牌衣物，戴着昂贵的首饰，朋友圈里不是晒包包就是晒美食，或者在哪个申根国家喂鸽子。她们可能挺美的，但绝对算不上优雅的女性，这样的女人总有一种单薄苍白之感，让人一眼就望到底了。我想，这种缺失，就是她贫瘠的精神世界吧！

富足的物质或许可以辅助我们在优雅这条路上越走越好，但是一个精神世界荒芜的女子，却只能算作披着优雅的外衣，却并没有领会其真谛。

一个精神世界富足的女性，必定是爱好阅读的

一个博览群书的女孩子，不说通晓古今，但必定是充满学识的。这种耳濡目染会浸润到我们生活的点点滴滴中，丰富的阅读会让我们对万事万物形成自己独特的见解。这种睿智不仅体现在我们的谈吐中，更会将诗书气质融入自身的气质。当我们可以轻松驾驭任何领域的话题时，那种厚重的积淀感会让女性的优雅得到升华。

我建议女孩子们，每个月给自己列一个书单，完成至少两本的阅读量，把那些刷微博看肥皂剧的时间节省出来，改变会在无声中显露出来。读书本身并不是一件很了不起的事，但是读多了，我们会真的变得越来越了不起。

一个精神世界富足的女性，必定是有自己的爱好和事业

我一向都主张，女人首先得是自己，然后才能成为女儿、妻子、妈妈，甚至是奶奶。做自己就是拥有一两个让自己快乐的爱好，拥有一份能获得价值感和社会认同感的事业，是完整而丰富的内心。反之，如果把男人和家庭当作毕生事业而忘掉自己的女人，我觉得有点悲哀。事实告诉我们，一个人爱你，是应该爱你这个人，如果你连自己都丢掉了，别人不会爱你的躯壳。也许他的身体没有离开你，因为感恩和责任使然，但是他的心早已经不知道到哪儿去了。也许童年时代你有过红舞鞋的梦想，有过对画笔的憧憬，有过亲手制作裙子的冲动，那就让现在有能力为爱好埋单的自己实现它呀！

坚定一项爱好，甚至把它做成自己的事业，就像我十多年来对美的执着一般，最终会成就最优秀的自己。

一个精神世界富足的人，必定是乐观快乐的

生活中，我们会遇到各种不顺心的事，这个时候选择默默消化和分解才是最理智的做法。有一个朋友问我，我觉得不快乐，所以我很想找一个快乐的伴侣，带给我幸福。这其实是很难的，因为一个不快乐的人，对任何事物的看法都会比较消极，她渴求依赖阳光，却并不能获得温暖。只有把自己变成那道阳光，才能获得真正的幸福。

也许眼下的不顺让我们非常煎熬，但是请用更久远一点的目光看待，就像现在的你，还会因为小学时候一次不及格的考试而哭泣吗？拥有富足的精神世界，会让我们成熟、睿智、充实、快乐，而这些，是通往优雅殿堂的阶梯。

Class 2 保持优雅，是你对自己的善意

无论人生遭遇过什么，无论我们即将面对什么，我们都不应该忘记自己作为女人这种与生俱来的能量，这是我们在这个充满竞争和压力的世界中，维持女性本真的力量源泉。

有一个穷苦的农场妇女因为临近还债日期，终日忧心忡忡，焦虑苦恼。终于到了那一天，无助的她坐在院子里默默流泪。

路过的一位贵妇看到了，走过来递给她一条手帕，安慰她：亲爱的，一切都会好起来的！

农妇掩面而泣，她心里默想，坐在香车里边的人哪里能体会我的苦恼啊！

贵妇笑笑离开。等她走后，农妇慢慢止住哭泣，她茫然地看着破败的小院子，准备拿手帕擦掉脸上的泪痕。

当那条散发着香气的、洁白的手帕映入农妇眼帘时，她脑海深处那段少女时光被唤醒了，她惊讶地发现，自己的手上布满污渍，指甲残缺而粗糙。农妇一下感到难以容忍。她洗干净了自己的手，又发现自己的头发和脸不够干净，于是洗头洗澡，又换上了干净的衣裙，扎上自己喜爱的发带。

当焕然一新的她站在布满灰尘的脏乱房间时，她感觉这一切跟自己太不匹配了。于是她开始收拾房间，擦干净窗户，摆上新采摘的鲜花，把院子里的垃圾清扫出去……

那条手帕好像一个魔法棒，唤醒了农妇被贫困生活麻痹了的女人心，她烤好面包，倒上自己酿制的果酒，等候收债人的到来。

债主过来，在干净整洁的小院子里吃着新出炉的点心，喝着果酒，看到农妇脸上焕发的自信和从容，他放宽了收债日期。

"真是奇怪呢！我怎么感觉这户最穷苦的人家快要翻身了呢！"临走时他自言自语。

我很喜欢这个小故事。当一个女人，意识到自己身为女人时，她会散发出无穷的能量和魅力，这种力量与生俱来，不论生活困苦与否，岁月流逝如何，社会角色定位怎样，它们，都不是这种本性被湮灭的理由。

这种力量，叫做优雅。可是，我们很多时候都会忘记自己是个女人的事实。

出去旅游的时候，经常会看到一些女性，为了酒店服务不好大喊大叫；因为上菜速度慢指责服务员；明明需要排队的时候却满不在乎地扒拉你，理直气壮地插队；在咖啡馆大声说笑打电话……

有一次去医院看病，一位胖乎乎的女人冲到门诊室，拍着医生的桌子说：你工作效率怎么那么低，不知道外面等了那么多人吗？！

有人试图阻止她，她双眼一瞪，手指着人家鼻尖骂：干你啥事！老娘就是脾气不好了……

大街上，跟伴侣吵架了，呼天抢地，哭泣怒骂，在地上打滚，衣不蔽体，狼狈不堪。

我真为她们感到难过。不知道生活怎么就把一个个鲜活灵动的少女，雕刻成了这样充满怒气怨恨的乖戾妇女的。

这个世界虽然没有很好，但是也没有特别不好，那颗女人的温柔包容之心被谁杀死了？

好像一旦为人妻为人母，年纪长了，吃的盐、过的桥多了，女人就可以丢弃羞耻心，可以言辞粗鄙肆无忌惮地骂人，可以理直气壮地无视公共规则，可以放纵自己邋遢和肥胖，可以纵容自己高涨的负面情绪……

难道岁月，让一个女孩变成女人，是用丑陋作为标准的吗？中国大妈是个被鄙视的词语，我想是因为作为女人本性的泯然吧！

女人的一生真的很短暂，少女时代眨眼即逝，取而代之的是妈妈、妻子、婆婆、奶奶之类的身份。她们要与生活的苦闷和琐碎做斗争，与日渐松弛的皮肤身材做斗争，与越来越严苛的生存要求做斗争。

于是给自己温柔装上盔甲，脱掉裙装，剪掉碍事的长发，蹬掉高跟鞋，一手抱孩子，一手护家庭，扛着工作，像个女战士一样一路向前狂奔。是生活逼不得已的选择呀！

但是，生活艰难，人性复杂，难道不是让我们变得更好更坚强的理由吗？

因为琐碎，所以我们可以放纵自己的居所肮脏混乱？

因为艰难，所以我们应该对这个世界恶语相向？

因为年长，所以我们可以失去廉耻之心和爱美本能？

因为贫困，所以我们要对全人类充满仇视？

这种心里只装着自己那点事，装着眼前小利、吃喝拉撒和柴米油盐的女人，只是一个活着的动物，根本不能称之为女人。所谓的体面、优雅，虽然需要物质基础作为支持，但是它的本质却源于我们的内心，是我们作为女人的一种本能。它是一种美，是女人一生的责任，是我们对待生活的态度。无论人生遭遇过什么，无论我们即将面对什么，我们都不应该忘记自己作为女人这种与生俱来的能量，这是我们在这个充满竞争和压力的世界中，维持女性本真的力量源泉。亲爱的女同胞们，不管岁月几何、身处何方，不要弄丢了女性的优雅。

Class 3 与你的脆弱坦诚相对，拥抱和解

正是内心那个脆弱的小女孩，让我们变得更坚强。每个女人内心，都住着一个小女孩，不管她是职场上叱咤风云的女强人，还是白发苍苍的老母亲，或者历经沧桑的中年妇女，这个小女孩从来都不曾因为年岁的增长而消失。她是女人们偶尔流露的那烂漫一笑；是不经意间撩发的一缕柔情；是慢声细语中的一份旖旎；是果敢利落时，金属外壳上的一抹阳光。

保持这样的少女之心，是我们女性优雅得以滋润的秘密。我们印象中，女性之美在于窈窕美丽、温柔善良、优雅知性，所以文人经常用柔情似水、婉然从物这样的词汇来形容女子之可爱。然而生活中我却们经常看到这样的一些女人，她们丢失了女性这种天然之美。这类人看起来面部被岁月刻画出僵硬的曲线，目光或犀利或哀愁。不论高矮胖瘦，年长年少，她们的言辞总是犀利尖锐，行为鲁莽冲动，总是一副生活的恶意难以承受的悲苦模样。这样的女性，朋友不愿接近，恋人渐行渐远，孩子避之不及。那是因为，女人内心的那个小女孩被压制，被束缚，甚至被伤害了。

我接触过一些女性学员，她们急切地想掌握让自己变得优雅的秘诀，以此来改变自己生活中遇到的种种问题。有一次，一位婚姻不顺的女性朋友过来找我倾诉，她觉得自己的不幸是因为外表不够漂亮，她过来找我主要就是想学习如何装扮自己，借此重新获得伴侣的关注和疼爱。按照以往经历，我会与每一个学员先做一些交流，以了解她的目标需求跟实际条件的差距，然后才能给予对方最合适的方案，但是这位女士刚坐下来就打断我说："郑老师，我们直接说正题，您看怎么办吧！（言下之意叫我少废话）"

我很少见到像她这么锐气逼人、单刀直入的女性，当时一愣，还好马上就调整了状态。

通过几次较深入的交往，我了解到她其实只是一个外表强悍的

女子，当她终于卸下防御时，我看见她内心住着的那个小女孩——悲伤和孤独，委屈和愤怒。但是长期以来，她只是一味地压制内心的那个弱小美好的自己，不肯正视内心的需求。

当一个女人变得越来越焦躁时，再美的妆容，再好的衣服，都掩盖不了她身上的暴戾之气。丈夫正是因为她的温柔一点点丧失而不再愿意亲近她。随着内心小女孩的受伤和萎靡，作为女性的优雅也就失去了生存之地。

我告诉她，你缺少的不是漂亮的妆容，也不是得体的衣装，你只是捂住了你心里那个小女孩的嘴，让她发不出声，流露不出情绪，正是因为她的消失，才带走了你的女人味。这位女士愣愣地听着，半晌没说话，我想她内心一定是有所触动的吧，因为不久后，我看到了一个完全不同的女人。

只有我们与这些负面情绪共处，去原谅、连接、拥抱、欣赏和感激这个小女孩时，才能灌溉那片优雅之田，不至于枯竭。

我很喜欢卡伯的一句名言：您可以穿不起香奈尔，您也可以没有多少衣服供选择，但永远别忘记一件最重要的衣服，这件衣服叫自我。

在这里，我把这个自我认为就是我们内心的那个小女孩。

我们一味地装饰自己，充实自己，强大自己，却很少记得，去拥抱和温暖内心的这个自我。

当我们觉得很累很疲乏时，不妨放慢脚步，寻一个独处的时间，停止向外寻求爱，学习倾听我们内心那个小女孩的声音。

请不要为自己的脆弱、敏感和自卑而害羞，更不要因此而自责。

允许自己为一件也许别人看来不以为然的小事哭泣，但是别忘了给自己倒一杯热水；偶尔奖励一下自己，不管是美食还是电影，抑或一场温柔的 SPA，让疲劳得以释放；假如你的小女孩经常失眠，不快乐，请原谅她，接纳她，她已经很努力，很辛苦，不要再去谴责她；忘掉那些无时无刻不在的压力和苛责，让心栖息一会，再抖擞精神，背起行囊，继续这漫漫征途……

无论我们在艰难的生活中锻炼出怎样一副钢筋铁骨，请都不要放弃那柔软的一面，那是我们女性优雅得以生存的土壤。

因为正是内心那个脆弱的小女孩，让我们变得更坚强。

Class 4 最华丽的孤独，是学会与自己独处

一个女性的生命最终将以什么样的方式绽放，取决于她对孤独的接纳程度。

孤独可以说是所有女人的天敌，很多女性害怕把自己陷入孤立无援的状态，心灵也因此而变得非常脆弱。一个长期自我感觉孤独的女人，时间长了，可能会导致心理不平衡，影响她正常的才能发挥，甚至在思想生活上产生一系列变化。其实大多数女性的孤独感，并不是因为离群索居，而是因为没有学会与自己相处。

一个无法跟自己相处的人，一般不会有什么大智慧，更算不上什么优雅的女性。

孤独，其实是一种极高的人生姿态，因为只有如此，我们才懂得如何照顾自己的内心需求，不被外物所左右，听得到自己的心声。

一个懂得与孤独作伴的女性，她会把喧嚣的时光梳理成荷塘月色般的淡然与恬谧，静守一份淡泊，这是优雅的一种境界。而无法直面和享受孤独的人，其实是很寂寞的。有些女性朋友，下班之后几乎把时间都花在参加各种聚会活动沙龙上，她们无法让自己安静下来，因为她们害怕孤独，害怕跟自己相处。因为只要跟自己相处，就需要跟自己的内心对话。所以很多人需要热闹的环境，在其中寻找自己的存在感，其实她们是很寂寞的。

在我们内心深处，也许都有过桃花源这样的渴望，过着与世无争的生活，但是现实中似乎可望而不可即。我们生活在钢筋水泥的城市森林里，每天与吞云吐雾的汽车和飞机打交道。也许我们无法让自己的身体处在宁静舒适的环境中，但是在精神上过那种纯净的生活并不是完全不可能的。

在水泥的森林中，我们的精神可以遗世独立，可以追求纯净和美好。远离所有的丑陋和阴谋诡计，远离所有的竞争和世俗的目标。

而这种心境，从我们享受孤独开始。你会发现精神上的孤独，是人的一种真实精神境界，其本身并不可怕，但和它共处却需要一颗强大的内心。

这就是我想告诉各位女性朋友们的：学会与孤独共处，将会是我们一生的练习。

我们的一生都在和人打交道，从这个角度来看，人是不会有真正的孤独的，真正的孤独更多的是在精神上的，在肉体上谁也做不到。父母、朋友、爱人，孩子一生都会和我们在一起，像卡夫卡、叔本华、尼采这些大哲学家他们都有一种精神上的孤独。这其实是人生一种真实的境界。即使在亲密无间的二人世界里，我们和伴侣的灵魂也不会完全重叠。

孤独本身是需要力量的，只有内心强大的女性才能做到，它不是一个可怕的东西，正如尼采所言，"一个内心孤独的人是强大的"。

但很多人并没有学会与孤独相处，想想看，你是不是也经常这样？

害怕一个人待着，所以总想用无尽的热闹来填补内心的寂寥；不愿意一个人做事情，就算是去卫生间，也想找一个人跟着。只要到了周末，伴侣出差，亲友不在身边，就会觉得很凄凉，不开心，做什么都没劲头。

甚至有时候，因为害怕一个人，以至于交朋友一点都不挑剔，哪怕是自己讨厌的人，只要肯陪着自己也好过一个人。我有一个朋友，她睡觉的时候一定要有人陪才睡得着。虽然她心里明白，现在的男友并不适合她，两个人经常吵架，但是因为不敢一个人睡，她无数次妥协于自己的软弱，总也走不出这个怪圈。

最悲哀的莫过于，因为总是害怕一个人，于是把自己长成一根树藤，只能寄生在别人身上。以前是父母，上大学是同学，然后是恋人，结婚后是老公，永远都不能一个人。

为了对抗这种孤独，甚至有人用完全错误的方式去战斗，总是怀着忐忑的心揣测爱人朋友的想法，生怕他们对自己有什么不满，不敢一个人尝试做一件事情，甚至觉得一个人去看电影都觉得丢人。可是我们都知道，不管是亲人还是朋友，哪怕最亲密的爱人，他们都有自己的事情，都会一段时间或者很长时间离开我们。

父母终有一天会离开，孩子终有一天会长大，爱情也会有聚有散，这些人在我们的生命中来来去去。如果我们不能学会与自己的孤独相处，为了掩盖孤独，贪图、迷恋喧闹，只会因此更加的寂寞。

孤独就像我们身上的一块皮肤，自我们出生起就相随相伴，每个人都必须承受孤独的考验，就像著名作家加西亚·马尔克斯说的那样："安然度过生命的秘诀，就是和孤独签订体面的协议。"

一个女性的生命最终将以什么样的方式绽放，取决于她对孤独的接纳程度。

那些坦然享受生活的每一面，包括喧闹、平静、纷乱、庸常等一切状态的女人，无论是成功还是失败，都更有资格称得上优雅的女人。

Class 5 慢下来，等一等灵魂

只有让我们的身体慢下来，给我们灵魂一个修禅打坐的时间，去感受细微的乐趣，短促的享受，才能得到广阔的宁静和永久的祥和。

据说古老的印第安人有个习惯，当他们的身体移动得太快的时候，会停下脚步，安营扎寨，耐心等待自己的灵魂前来追赶。有人说是三天一停，有人说是七天一停，总之，人不能一味地走下去，要驻扎在行程的空隙中和灵魂会合。

灵魂似乎是个身负重担或是手脚不利落的弱者，慢吞吞的经常掉队。我觉得此说法最有意义的部分，是证明在人生的旅途中，我们的身体和灵魂有时候是不同步的，是分离分裂的。而优雅的女人，最高的修行境界，就是身体和灵魂高度协调一致，生死相依。

日休禅师曾经说过：人生只有三天——昨天，今天和明天。活在昨天的人迷惑，活在明天的人等待，只有活在今天的人最踏实。

在漫长的人生中，我们会面临各种各样的诱惑、道不尽沧桑暗然的漠然、数不尽的琐碎繁忙以及无声的苍凉，一个人要以清醒的心智和从容的步履走过岁月，需要一颗从容淡定的心，特别是一个女人，如果欲望太多，要求也会随之增多，无尽的追求只会迷乱了我们的脚步，这种时候，生活各种不顺和烦恼也会接踵而来。

而聪慧的女性，会告诉自己"如果我们走得太快，要停一停等候灵魂跟上来"。

把那些眼下自己无法解决的事情，交给时间去解决：

让心态慢下来，

让脚步慢下来，

让节奏慢下来，

让自己慢下来。

……

想一想，我们多久没有认真看过一次日出日落？学会在第一道曙光进入眼帘的时候慢慢欣赏它；在春天的阳光里，眯上眼感受它洒向肩膀的时候那种惬意；在没人打扰的午后时光抱着一本心仪的书，静静享受它，然后安心打个盹；把那些永远也做不完的工作放一边，地球离了谁都会转，安排一下日程，把你最想去的那个地方的机票订了，感受一下随意背个包就能出发的那种率性和痛快。

身为女人，生活本身已经不易，为了担负起自身为人妻女母亲的角色，我们不得不每天奋战，无形的压力常常逼迫得我们无法喘息。日复一日，我们也就习惯了这种埋头苦干，一路向前冲的生活模式，以至于很少停下来思考和回味生活本身。

就像我们快餐式的报团旅游，除了"上车睡觉，下车撒尿，临走拍照"这种记忆，已经没有什么美好可供回味了。

正是因为我们走得太急太快，我们忽略了身边很多细小的美好，错过了眼前原本动人的景色，心灵变得日益粗糙，眼睛蒙蔽上灰尘，对美的触感变得迟钝。

稍不留神，我们的灵魂便远远落后在追逐功名利禄的诱惑中，消失得无影无踪了。

每一个生命都不是生来受苦的，它们一定是来享受的，而不是急急忙忙地完成生老病死的自然进程，然后归于尘土。佛语上说：以修行的本身为乐，而不是以修行的结果为乐。

当我们开始为了生活而疲于奔命，生活就已远离我们而去。就像有些人本身是为了更好地生活才努力工作的，结果到头来只剩下工作，而没有了生活，这是本末倒置的做法。只有让我们的身体慢下来，给我们灵魂一个修禅打坐的时间，去感受细微的乐趣，短促的享受，才能得到广阔的宁静和永久的祥和。

我相信，一个真正优雅的女人，在生活中遇到任何事情都不会乱了分寸，她的言行总是先过大脑思考才会出来，遇到无法解决的难题时，她们会慢下自己的脚步，不焦虑，不急迫，而是耐心等待时间给我们的答案。

因为，没有比这更好的方法。

Class 6 执念太缠绵，勇敢断舍离

一些漂亮但不合适的衣服要扔掉，一些美丽但是伤己的感情要放弃，一些不爱自己的人要忘掉。只有做到笑对生命中的断舍离，才能从容驾驭我们的人生。

现在已经有越来越多的人认识到，生活的快乐，其实并不在于我们拥有多少东西，甚至有时候，我们拥有的越多，可能越不幸福。

因为当我们的世界被越来越多的东西填满时，就会分不清哪些是自己真正需要的，哪些只是华而不实的装饰品，哪些只会让自己耗尽心力去维护和保持，丝毫不能给自己带来益处。

而优雅的女人懂得，少即是多，只有真正认识到生命中断舍离的真谛，才可以在这个乱花渐欲迷人眼的世界独留守住一份自己的简单和宁静。

不为物质所累的女人，懂得淡泊人生的道理，就好比沉浸在静默的大海中，平和地寻找简单和纯美，在淡漠中感悟深情，为了更好的自己，她们会果断地放弃一些包袱，让自己更从容地面对生活，轻装上阵。

所谓的断舍离是这样的："断，就是让我们的生活入口狭窄；舍，就是让我们的生活出口宽广；离，就是通过断和舍，来脱离对物品的执着。断舍离的终极目的，是让我们的生活充满能量，流动不停滞。"

一个优雅的女人，会熟练运用这种生活的智慧，重新定义物品和自身的联系，进行有效的整合资源，构建自我的世界，让自己所处的环境，井然有序，观照本心，形成对自己生命的俯瞰力，达到驾驭简约人生的境界。

这样的能力是需要长期的修炼和思考，我把自己的一些方法写下来，读者们可以根据自己的实际情况作参考。

1. 确定我们基础生活的必需品，划分好区域在一个地方

住久了，不知不觉就会有各种各样的东西塞满并不宽裕的空间，家变成了一个琐碎烦乱的空间，我们甚至会因为这种杂乱而不爱回家，无法得到好的休息。

如果你现在就处于这种状态，那么是时候做一番清理了。根据衣食住行，划分好清晰的区域。

女人最容易乱的莫过于衣柜，打开它，把四季内外衣，鞋帽饰品，根据各种场合的需求，收纳到衣柜里。

然后是厨房，油盐酱醋，锅碗瓢盆，米面谷酒，各类厨房用品，整合到橱柜里。

卫生间，将牙膏牙刷香皂毛巾等洗漱用品，收纳在洗漱台上；拖把抹布垃圾桶等卫生用品，收纳在角落。

同样以此类推，将工作相关，兴趣相关，娱乐相关……的东西分门别类地归置整理。

然后，把那些几乎从来没有用上的东西，捐赠出去吧！因为我们99%以后也用不着。

2. 重新组合空间，各归其位

每样东西都应该有属于它的位置，它在那里有自己的同类，有它的实用价值，有属于个人的回忆和生命力。把我们定义好的物品集合起来，以最优雅的姿态，安放在划分好的功能区中，乳燕归巢般让人熨帖。作为回报，它们会安静地躺在角落，和我们交流、共鸣，像一个老朋友，在每一个相似而又平凡的时刻，给女人最贴心的守候。

这个时候，你会发现，那些因为贪图便宜买下的小玩意几乎没有立足之地，我们也会因此明白，什么是与自己相匹配的物件。

3. 维持

客观的现实世界，并不会因为我们主观的意愿而保持整洁，相反，

它们只会越来越乱。

　　就像我们打扫完卫生，一个星期后房间又会变回了脏乱差的模样，心情也随之变得杂乱起来。这个时候，我们需要做的是让散乱无序的生活，变得有条理、有规律起来，这需要我们付出额外的心力。

　　其实只要我们保持良好的生活习惯，生活就会变得简单起来。一开始你可能很难适应，但是时间长了，我们会发现自己的生活会有惊喜的改变。

　　比如地面每天拖一遍，袜子内裤每天洗完澡就顺手洗干净，床单定期换洗一次，垃圾每天出门时候带出去，按时刷牙洗漱，回家就把鞋子擦拭干净收好，用完东西物归原处……

　　一个优雅的女性，她的生活空间一定是井然有序的，她走出来总是清爽干净利落的，她的时间不会因为杂乱无章的摆设而荒废。

　　把这样的生活哲学放到女性生命的长河中一样适应，舍弃在另外一种意义上就是得到，是一种智慧的生活态度。比如一些漂亮但不合适的衣服要扔掉，一些美丽但是伤己的感情要放弃，一些不爱自己的人，要忘掉。只有做到笑对生命中的断舍离，才能从容驾驭我们的人生。

Class 7 "美丽"是个多义词

对于女人，美丽也许是个终生目标，她们穷其一生，只为到达和长久地占据。

女人天生对美丽的事物毫无免疫力。当我们开始懂得人事，最初的渴望一定与美丽有关：裙子、丝带、礼物……无一不闪耀，无一不美好。而那些能够想到并许下的心愿，也定是与美的专属名词有关。

在自认为能够掌控"美丽"之后，女人一边抱怨节食的虐心，化妆的琐碎，一边又不遗余力地"虐己"，并在"忍饥挨饿"初见成效后沾沾自喜。所以，女人往往理性地热爱着美丽，却又感性地追逐着美丽。对于女人，美丽也许是个终生目标，她们穷其一生，只为到达和长久地占据。

然而，美丽的内容太宽泛，何止流于表面的光鲜或夺目？

我们要学会善良。人生说长就长，说短也短，这长长短短的一生，如果耗费在各种钩心斗角、好高骛远和小心算计上，又何来美丽？因为始终怀抱不美好心情的人，无法催生美丽的笑靥和容颜。所以，美丽源自美好，而美好，取决于你的德行。若要美丽，请心存善念。善良是为人之本，无论何时何地，我们都不能因为名利和光环而失去善的本性。

我们要学会快乐。相由心生，一个不快乐的女人永远不可能拥有美丽。与此相反，快乐又最具感染力，一个快乐的女人，不但由内而外地散发积极的力量，还能感召他人，扫除他人的情绪阴霾。所以，若要美丽，便把心放开，学会快乐。

我们要学会欣赏自己。自信的女人最美丽。千万不要把诸如"你看我穿这件衣服漂亮吗？""你看我的身材好吗？""你觉得这个颜色怎么样……"之类的话变作口头禅。衣服穿在你身上，要用你自己的身体去感受它是否舒适，用眼睛去感觉它是否得体，何必被他人的意志左右？一个毫无主见，无法把握自我风格的人，定是难言美丽的。要知道，自信也会为你的美丽加分！

我们要学会宠爱自己。所谓宠爱，不是溺爱，而是保护身体发肤，自尊自爱，保持初心。女人，千万不要过分娇惯自己，否则成为温室里的小花，不堪一击。要知道，只有经历过风雨的成长，才能成就美丽。

我们要学会自立。千万不要轻信男人所谓的"我会养你一辈子"之类的鬼话。这个世界谁也不欠谁，更有太多的难以预料，所以不要做柔弱的寄生花，即便美丽，也只娇艳如花青春时。所以，要做自立自强的女人，所有华丽的外衣和强大的内心力量，我们自己积攒。这样的女人，美丽深入到骨子里。

我们要学会乐观。人生有苦有乐，痛苦时忍一忍，痛完潇洒说再见。阳光只会照耀在积极的人身上，阴暗的内心永远不会感觉温暖，更无法将美丽衍生在外。一个人若学会了乐观地待人接物，即便满脸五线谱，也能开出花来。

我们要学会不卑不亢。女人的情绪千变万化，时而飞上云端，时而低到尘埃里。如此变化多端的女人，自然是无法拥有恒久的美丽。必要时，我们应放下卑微，拾起身为女人的清高。当然，清高不等于傲娇，适度的谦卑，往往为你赢得好人缘。一个不卑不亢的女人，无须吹捧气自华。

女人要学会坚强。爱情、亲情、友情……坚强的女人不会动不动受伤，因为她们知道任何一种单一的情感都不可能构成一生。所以，她们懂得用坚强来应对一切人世沧桑，最后只剩下蒙娜丽莎式意味深长的微笑，美丽至极，耐人寻味。

女人不要和男人争，但也不要屈尊男人之下。不争不是畏惧而是谦和，女人本就拥有可以和男人媲美的非凡能力和强者风范，之所以不争是因为女人特性中独具的阴柔之美。因着这份阴柔，女人的美丽才别具一格，无法复制。

爱美的女人，不要一味追求外在而忽视内心的修炼。要知道，唯有内外兼修的美丽，才敌得过时间。

Class 8 好心态滋养你的美

当你自身成为一种价值，你会变得淡定从容，因为即便身无分文，你也能够创造出成功。

你的心态决定你的美态

女人三十岁之前的形象可以靠年轻的相貌来呈现，但三十岁之后的形象却要由心态来决定。

我们为了家庭、事业付出了光阴，容颜易老，青春不再，到头来有可能对自己的定位感到迷茫。看着面部轮廓一天天变得松弛，眼角的皱纹开始一天天增长，内心开始纠结，开始惶恐，也许会悲观地认为：美丽似乎已与我无关了。

晚了么？我觉得女人只要活着，就有理由一直让自己美丽。不论你是 20 岁、30 岁还是 40 岁，哪怕已经年近古稀，我们都有理由也有必要让自己美丽！方法很简单，就是马上改变自己的心态。

我们是女人，所以千万不要以男人的方式活着。我们是女人，就应该活出女人的样。哪怕只是今天换一套衣服，明天换一条裙子的细微改变，也能一点一点让自己变得更美。

一天变美一分，十天便美丽十分。你会发现，随着每天的加分，你身边的男人、女人、老人、孩子都会渐渐注意到你，到那个时候，你会想让自己更美。

所以我们一定要告诉自己，我要追求我的美，找出我自己独有的魅力。因为作为一个女人，魅力和形象的价值，是难以估算的。当你自身成为一种价值，你会变得淡定从容，因为即便身无分文，你也能够创造出成功。

当你变得越来越美丽，整个人的状态也会随之好起来，荷尔蒙开始活跃分泌，状态也会越来越好，越来越美丽。人生的路上需要美丽成长。

通透才会成长

人生就是一个藏污纳垢的过程，不仅是外表和身体上，你的内心和思想同样也是。我们在生活中经常遇到各种各样的事情，导致我们浑身充满负能量，这些负能量就像垃圾一样，堵住我们的身体，谁也不愿意和消极主义者做朋友，我们可能会被孤立，所以我们每天都需要倒"垃圾"，不要让"垃圾"过夜。如果我们的身体和灵魂都被垃圾堵塞，那么我们想减慢衰老的速度就会很难。想让自己皮肤变好，那需要让皮肤的毛孔透气。而想让自己变得美丽，就需要让自己的思想通透、开阔起来。

在很多年以前，我是属于"小鞭炮"的脾气，一点就着。可能有些时候我只是不太会说话，但是发起火来，我老公都会重重地叹息一声。而且我在做事情的时候力求完美，还有点强迫症，什么都想做到最好，我的字典里没有允许自己犯错这样的字眼。

这些年通过学习，原本脾气暴躁的我，慢慢开始自我约束，因为我明白了负面情绪只会让我们的细胞衰老得更快。以前的我，是个有棱有角的人，而现在则平缓了很多。

女人在一定年龄的时候，内心越善良，越看不出年龄，就越年轻越漂亮。所以为了让自己年轻，为了更美的容颜，在遇到事情的时候不如让自己善良一下看开一些。随着时间慢慢推移，你会变得越来越柔，也没有了那么多的肝火，不管别人在耳边多么聒噪，也不会影响你，因为你已经学会了控制情绪。人无完人，我们不要去追求完美，十个人中不可能每个人都认同你，而你也不必为了那一个不认同你的人大动肝火，反而忽略了喜欢你的九个人。你首先要做到的是认同自己，然后去让那九个人因为你而得到收获，这就够了。

控制情绪是需要修炼的，多听一听舒缓的音乐，多看一看女人提升魅力的书，多出去走一走，让自己阳光起来。不要整天八卦家长里短，因为那些都是垃圾，身边的垃圾越来越多，你也会越来越不好看。每天和阳光的人在一起，你也会阳光，跟美丽的人在一起，你也会越来越美丽。

同样的 80 岁，有的人可能已经成为骨灰盒中的一抔轻灰，而有的人还能走一台人人叫好的秀，这就是每个人在身体和灵魂上的差别。所以说，虽然正确的保养很重要，但是相由心生，不仅仅是外在要去角质，内心也需要。

为了让自己成长，让自己美丽，每天都要倒"垃圾"。

早点追求美丽

人的青春总是短暂的，尤其是女人，最美的年华稍纵即逝，所以女人是最应该把握时间的人。

现在很多人都在整形，但做整形的人大多都是 40 岁的女人，因为此时开始注意到自己正在衰老，慌忙想要整形。但如果你在 20 岁的时候开始做抗衰老保养，是不是和 40 岁再去整形有本质上的区别？

因为 20 岁的皮肤是年轻的，可塑性很强，而 40 岁的皮肤已经开始松弛，再去做整形就会变得僵硬。如果我们提早开始追求美丽的话，不仅会美得长久，还会美得健康。

不仅是在容貌方面，在精神方面同样适用。如果我们在 20 岁开始学习，开始提升自己，让自己成长，相比于 30 岁才开始学习的人，就会多出十年的优势。而你当下学习，跟未来再去学习，优势一样很明显。

而喜欢学习与否，将决定一个女人的年龄是可以保鲜得更久，还是见证岁月的无情。

所以现在就开始成长吧，学习会让一个女人散发出由内而外的美，这种美无法抗拒。可能在当下学习一两年内看不到明显的效果，但是请坚持下去，你会看到一个不一样的自己。

Class 9 女人如画，贵有贵的道理

女人如花，不同的年龄形容自己是不同的花。不同的性格定义自己不同的花名。花却易凋零。因此女人一生如花，终究不如一生如画！

如画的价值

在人们交际的过程中，外表是一张重要的名片。瓶水在外表华丽的五星级酒店内，卖35一瓶也不会觉得贵。但如果在普通的快捷酒店，这瓶水卖10元都会觉得是在坑人。这说明女人的外在可以很大程度地提升自身的价值，我们需要让自己的外貌变成五星级酒店。

所以女人，你让自己变得美丽很重要，但这并不是我们一生追求的目标，因为暂时的美丽会随着时间而消逝，美丽所带来的价值也会消散。我们需要做的就是让自己成为有价值的人，无论时间，无论地点，你永远因为自己而昂贵。

女人如花，不同的年龄形容自己是不同的花。不同的性格定义自己不同的花名。花却易凋零。因此女人一生如花，终究不如一生如画！

成长让你更美丽

如果你是一个相貌平平的女子，你没有理由让自己继续平凡下去，你需要用自己的智慧来升华自己的相貌。如果你是一个相貌优秀的女子，你更没有理由让自己平凡，因为岁月终究会带走你美丽的容颜。

花朵在盛开时很美，但终有凋零之时。但是画就不一样，在梵蒂冈的博物馆和法国的罗浮宫中，摆放着千年之前的画卷，现在依然光鲜如初，依然价值不菲。而我们所要的成长，就是成为这样一幅画，有着自己的味道。即便岁月在我们的脸上沉淀出很多皱纹，

但是我们坐在那里就是一幅画，一幅耐人寻味的画。

虽然这条成长的道路很难，但是一路成长也会有一路的收获。我在修炼的路上最幸福的收获是有了自我约束，自我管理，自律性。之所以会这样，是因为我在接触美的事物的时候，面对很多跟我学习的人的时候，在帮助她们美丽的同时，我对自己有了更多的要求，于是我不断地学习，所以我能更快地成长。不止我可以这样，世间的所有女人都可以这样，在成长的路上让身边的人快乐，自己也更加美丽。

追求美丽和格调

上帝在创造每个女人的时候都很公平，每个女人都是一个独一无二的载体，每个女人都是一幅画，是一种花。只是在不同的年龄，女人属于不同的花，也是不同的画。而花会随着时间凋谢，但画不会。一幅有潜力的画，有懂得欣赏画的收藏家，会随着岁月的沉淀变得越来越有价值。

作为女人，不一定要貌美如花，但一定要优雅动人，不一定要衣着华美，但一定要耐人寻味。你的一生不一定要成为一个万众瞩目的传奇，但你一定要成为你自己的传奇。不是每个人都能够拥有一个为人熟知的传奇故事，但为了不白来这世间一趟，你要成为一个自己愿意读的故事。

所有美丽的妆容、衣服、首饰都只是当下的美感。但是决定你人生的美丽和味道的是你的品位和格调。当你拥有了这些，在你90岁的时候，甚至是你走向人生另一个世纪的那一刻，你依然会美丽优雅。

人们常说岁月是一把无情的刀，但是为什么在生活中会有一些人，她的外表年龄跟实际年龄相差甚远？为什么有的人在80岁的时候，你依然会觉得她很美丽？这就是品位和格调所带来的那份让岁月停留的美。

女人不怕青春老去，只怕没了价值

所谓美丽永远不是今天一个美丽的妆容所能代表的，在 20 岁自然有 20 岁年轻青春的美，30 岁有着韵味的美，四十岁经历过沉淀有了智慧的美，50、60 岁也有坦然豁达的美，直到八九十岁，你便成了无价之宝。

但在中国的大多数女性，在 50 岁的时候就感慨岁月是一把无情的刀，让自己变成了老太婆。而事实也正如她们所说，每天左手抱着孩子，右手插着兜，和街坊四邻聊聊家长里短。当这样的情景已经变成了常态，女人怎么会不变成老太婆？女人的人生应该秉持着追求美的态度，不断提升自己的价值，让自己在人生的每一个当下都能够很美。

家族中的一个好女人可以影响三代人，作为一个家族中的一员，能够从内向外散发出美，不仅会让别人感觉到舒服，也会让家族的后代受到影响，在审美观上得到升华，形成贵族的气质。

所以女人不用怕自己的青春老去，在相对应的年纪也会有相对应的美。只要你拥有自己的价值，随着岁月的流逝，你不仅会自己保持美丽，也会正向影响整个家族美丽。

想要如画，需懂得坚持

如画的过程就是不断地突破自己的审美，从骨子里由内而外地散发出一种美，并且做好一个美的榜样。这也就是人们常说的即便是老，也要优雅地老下去。

前些年我去了法国，刚到那里的时候我很失望。在我的印象中法国是一个优雅的国家，但是当我在巴黎街头看到那些人的时候，我并没有感觉到丝毫优雅，反而很乱。当时与我随行的一个学员，还没看到巴黎的夜空，随身的包包就被人抢了。那天我们决定马上离开巴黎，巴黎并不是我们想要看到的地方。我们坐上火车，前往法国的南部。在火车还没有到南部的时候，我们看到了一幅画，真正的画。

一位老太太坐在座椅上，身前放着一杯咖啡，手中拿着一份报纸，身上的衣服没有任何装饰，只是一件薄薄的风衣。她的脖子上挂着一串珍珠项链，鼻梁上架着一副眼镜，在安静地看着报纸。

虽然头发已经花白，但是她从内向外散发出的气质会让你觉得很美，她就是一幅风景油画。

到达法国南部之后，优雅美丽的画面变得更多。在街头随时可以看到穿着高跟鞋的老太太，抹着大红唇在遛狗，或者拎着一个包优雅地走在路上，这幅画让我感觉到安静舒服的气氛。上帝对于每个女人都是公平的，你可以变成一个"岁月是把杀猪刀式"的女人，同时你也可以变成一个优雅女人。但若要成为一个如画般优雅的女人，你需要坚持。一年两年或许看不到成效，三年五年也有可能，但是十年呢？你用十年的时间走在如画的路上不曾放弃，你会和同龄人有着五六年的年龄差。这种差别不仅体现在表面上，更体现在内在的精气神上。

收获的不仅仅是和同龄人之间的年龄差，还会收到更多最美的回馈，但这一切都需要坚持，因为美丽从来不是一蹴而就的短跑，而是持之一生的长跑。

Class 10 女人是幸福的源头，
幸福是女人的尽头

女人是幸福的源头，如果女人能够扮演好自己的角色，该柔弱的时候柔弱，男人自然会站出来展现阳刚的一面。

不仅在社会上如此，在家族中女人也同样重要，女人是家中幸福的源头。

不做女汉子

在一些国家，十多岁的女孩子有专门的美学教育课，教育女孩子如何成为一个精致的女人。而这样的课程在中国是没有的，不管男生还是女生，全部上一样的课，全部接受一样的教育，导致现在出现了很多的"女汉子"。

女汉子的思想很简单，男人可以做到的事情，她也能做到，所以找不找男人已经不是必要。而男人看到这些女人这么强大，甚至比自己还强，男人自身对女人的保护欲减值为零，所以也不会主动去接近女汉子了。

女人是幸福的源头，如果女人能够扮演好自己的角色，该柔弱的时候柔弱，男人自然会站出来展现阳刚的一面。

不仅在社会上如此，在家族中女人也同样重要，女人是家中幸福的源头。

家中的女主人如果懂得美，有高雅的审美观，任何一件物品都能够找到最适合摆放的地点，任何一件物品都知道应该用什么样的材质和颜色，那么这个家便会让来到房间内的人感到舒服，这个房间就会汇聚起人气。如果房间的女主人很美很漂亮，她自己就是一种人气。在房间里无论男女，无论老少都向她投来喜欢的目光，这也是一种汇聚人气。

人们常说，一个女人找对老公幸福一辈子，一个男人找错女人毁了整个家族，这就是在说女人对于家族的重要性。所以作为女人，我们真的需要对自己投资，让自己成为家族幸福的源头。

爱独一无二的自己

现在的女性，都知道要对自己好一点，对自己下手要"狠"一点，要好好地爱自己。这个观点并没有错，但并不代表只爱自己。当你的"爱自己"不是为了让身边的人关系变得更好，而是变成了一种极致的自私行为，你就会偏离你的初心，离爱与幸福越来越远，这种行为会让你迷失了爱的方向。

我们变美、爱自己的根本，是让自己成为一股磁场，形成一种强大的吸引力，能够吸引更多的人围绕着自己，让你变得越来越有味道，越来越美。每个女人都有不同的磁场，就像这世界上没有两片相同的叶子。所以我们不用刻意地模仿，不用复制别人的美，我们永远因为自己而美。

你有独一无二的美。

人的一生最重要的就是认清自己，不要高估，但也不能低估自己。

找到自己最美的地方

这个世界上没有丑女人，每个女人都可以美丽，那些被称为难看的女人只是用错了美的方法。其实每个女人都是一块未经雕琢的璞玉，每块璞玉都有自己最美的特点。当我们找出自己最美的那个地方，然后将所有的投资都用在那个地方，尽情雕琢，我们就会成为一块独一无二、漂亮温润的美玉。我经常和我的学员开玩笑，让她们每次从浴室中走出来的时候，一定要站在镜子前从头到尾地审视自己的身体。从肩部到颈、到头，这是一个部位，从肩部向下到胯部是一个部位，然后从胯部向下也是一个部位，在这三个部位当中，有的人手很漂亮，如同手模一般，有的人腿很漂亮，修长直挺，也就是说任何一个人总归是有自己最美的一个地方。好好找到自己最美的部位。

但是现在大多数的人并不是寻找自己的美点，而是盲目地跟风潮流，不去想自己适不适合，不去审视自己的标配应该是什么。一个妆容会让你跟别人拉近距离，也会让你跟别人拉远距离。其实我们每个人的一生当中都应该找到属于自己的那一份标配，那份只属于自己的方法和美丽。

人的一生最重要的就是认清自己，不要高估，但也不能低估自己。当你认清自己之后，无论是找老公，买房子，买家具等任何事情，你都会找到属于自己的那份定位。

在找到自己最美的地方后，就进行重点的投资。就是很简单直接的投资，假设颈部美就买首饰项链，脚美就买漂亮的鞋子，以此类推，投资美丽部位的装扮就对了。但是还有很重要的一点，当我们找到了最美的地方，其余的地方就需要弱化，别去画蛇添足。

如果你的腿粗而不直，还要跟风去买短裤，这不仅仅是直观地向别人展示自己的不美之处，而且也为自己的那个不美的地方进行了完全不应该的投资，这就好比明知道路前方有一个深坑，不去躲避还要拔足狂奔向坑里跳。让别人赞叹自己的美丽，比去遮掩自己的缺点强上百倍。

拥有发现美的眼睛

发现自己最美的地方是我们走向美丽的重要路途，但更重要的是我们如何发现自己的美点。每个人都喜欢美的事物，而美是用我们的双眼审视而来，双手雕琢而出，前提是我们一定要用眼睛学习如何审美。

发现美不是一件容易的事情，这需要我们经过长时间的历练和对比才能拥有。在未拥有发现美的眼睛时，我们需要做的就是多走多看，多去想想为什么某件事物会让人感觉到美，那个重要的美点是什么，当锻炼出一双敏锐的眼睛时，你就会明白什么是美。

比如一个法国女人只在颈间戴了一条项链，其他的地方都很简单地弱化掉，这不会感觉到异样，反而令她看上去很华贵优雅。这是因为她已经审透了自己的美在哪里，用减法做好了极致美的装扮。

而有这样的能力是因为法国的女性一直活在美的世界当中，从广场到教堂，有各种各样美的装饰、油画、雕塑，在这样的环境下她们从小就在锻炼自己那双眼睛，领悟自己的人生，当然会有一个美的灵魂，这也是法国为何有很多艺术家的原因。想要拥有一双发现美的眼睛，就要让自己沉浸在一个美的世界当中，不断地发现、甄别、感悟，你会收获美丽。而我现在所做的事情很简单，就是创造出一个美的环境。让更多的人看到美，发现美，从而影响美的传播速度，我们应该让世界知道，中国女人的美，独一无二。

　　眼里只捕捉美，耳里只听进美，嘴里只说出美，美的能量吸引让我们一生想不美都难。

Class 11 一辈子太长，凡事不必将就

当任何选择的命题摆在你面前的时候，除了将就，你选什么都好，因为不管最后的结果如何，它都会让你从中获得某种实质性的体验。

先就这个话题逗乐一下。

王女士很讨厌别人说"随便"二字。一次她在外面办事，接到同事李女士的电话，叫她回办公室的时候顺便给带点下午茶回去。王女士问，那究竟要带什么呢？李女士说，随便吧，只要咸的就可以了。王女士说，随便这么多，你好歹说个具体的。对方说，哎呀，随便你就行了，然后挂了电话。后来，王女士给李女士买了一包盐带回去。

说"随便"的人很随便，可是要按"随便"行事的人却不随便，甚至相当棘手，非常头痛。我个人认为，每次别人给出选择题就回答"随便"的人，一是懒，二是无主见，三是无责任心，总结下来就两个字：将就，而且将就惯了。这真的是一个很坏的习惯，人生短暂，什么事都能将就过去，可是就这么将就着，这一生也不值当啊。以前找我做形象设计的人很多，整天要接待一茬又一茬的客户，我就最怕遇到说"随便"的人。在这些说"随便"的人中，我感觉不到她们最后的欣喜，因为她们想要的"随便"的效果，连她们自己也不能够明晰，我这个按照客观形象进行主观设计的人又怎能轻易达到呢？所以，即使最后我个人比较满意，但是看到她们一副将就的样子，成就感就会荡然无存，有时候甚至会徒增挫败感。也正因为如此，我对习惯于将就的人早已累觉不爱了。

就像前面我们讲女人要过精致的生活一样，粗糙即是糟糕，而将就便意味着粗糙。在女人这里，将就无处不在，无所不能，穿戴可以将就，吃饭可以将就，工作可以将就，连嫁人也可以将就。但将就的结果大多不会如意，然后是各种怨念。何必呢？记得很多年前与一个朋友相约出行，说是趁着年轻好好出去玩一下。至于去哪

里，两个人讨论了几次都没有结果。这个朋友本来就不喜欢操心，最后干脆把选地点的任务丢给我，说随便你好啦，你去哪儿我就去哪儿。她说出"随便"二字倒很轻松，我却要花好多功工夫才能做出决定，因为要考虑到彼此的偏好等因素。后来我先后筛选出好几个地方，都被她以各种理由否定了，最后看我也有了撂下不管的架势，她才松了口，同意我去某地的提议。可是出行几天，我是玩得很嗨很享受，她却各种嫌弃，表现出各种失望，回来后还大叹不值，说早知道这么差劲还不如去哪里哪里玩了。说实在的，我再是个气度不算小的女孩子，也真的因为她的言行很受伤。从那之后，也慢慢与她疏远了，因为她动不动就将就的态度，令身边的人很累。

很多人觉得将就只是一件小事，不必小题大做。可我想说，即便是在一件微不足道的事情上将就，也会影响你的心情和生活质量。你看啊，比如你明天要参加一个很重要的聚会，今天才发现衣橱里少了一件适合这种场合的衣服，于是你马不停蹄地去买。可是逛了大半天，也选不到一件心仪的衣服，最后为了完成你今天要买到衣服的任务，便选了件稍微顺眼的埋单走人，你心里想的是，将就吧，谁叫时间这么紧迫呢？不过怎么也好过家里的衣服吧。可是第二天，当你穿着它去参加聚会，看到大家的衣服好像都比你的好，你就开始觉得浑身别扭了。尤其是回到家以后，这件完成了自身使命的衣服开始遭到你的嫌弃，你甚至后悔还不如不买，不就穿一会儿吗？浪费了钱，又不满意。毋庸置疑，这件衣服从那之后会被你束之高阁。你看吧，一次小小的将就，是不是让你的情绪和钱包都遭殃了呢？这些还真算小事，如果你心态足够阳光，它带给你的不快很快就会成为过眼云烟。但是对于那些连婚姻都要将就的女人，我觉得她的人生是很悲惨的。婚姻是人生的第二次投胎，决定你后半生的生活质量，如果你连这个都将就的话，只能证明你从未想过为自己而活。

当任何选择的命题摆在你面前的时候，除了将就，你选什么都好，因为不管最后的结果如何，它都会让你从中获得某种实质性的体验。而将就，往往代表你浪费了某次选择的机会。所以，不要让将就成为习惯，因为它真的很坏，对待每一次选择都请认真一点，认真多一点，遗憾就会少一点。

Class 12 女神，带着"美"的使命而来

　　穿衣，美妆，幸福，这些女人不可或缺的元素都需要我们自己来实现，这才是我们为之付出一生的事业。

　　作为女性，在这样一个飞速发展的时代，我们有了更加宽广的空间来展现我们的美丽。不同于古代大门不出，二门不迈的大家闺秀，我们可以穿上各式各样的衣服，自由地走在大街上。

　　但是，即便有了充裕的空间和时间，现在还是有很多女性依然不懂得如何穿着。要么在职场上穿着随意的衣服，要么回家依然穿着严谨的职场服装……于是很多女性觉得美是一件很困难的事。

　　在生活中，职场就是职场，在职场上穿的衣服回到家一定要换掉，穿上一身飘逸柔软的衣服。同样工作就是工作，不要穿着吊带短裤去见自己的老板，着装一定要多一丝严谨，多一份直线条。这些穿衣的方法，你都对了吗？

　　同样的女性，在不同年龄段如果能够得到更多的夸赞，那么衰老的程度将大大减弱。受到夸赞的前提是我们拥有一个美丽的脸庞和妆容，那应该如何画一个适合而不过分的妆容呢？很多年以前，我的家里发生了一个有趣的故事。那时候我还在上班，已经开始了我的美丽生涯。我的婆婆看到我这个儿媳妇每天都这么漂亮，满面红光地去上班，心中就很好奇。

　　毕竟每个女人都爱美，我婆婆也不例外。但是老人总是好面子，我婆婆也犹豫是否要来请教我，于是就趁我上班的时间在我的房间中到处寻找。当时的很多化妆品品牌我婆婆并不认识也不懂如何使用，于是就把洁面乳当作护发素抹在了头上，把厚厚的粉底抹在了脸上。

　　当时是炎热的夏天，由于没有做好准备工作，粉底禁不住汗液的侵蚀，全部掉了下来，婆婆的脸就像柿子饼一样。我回到家着实

吓了一跳，赶紧帮她清理掉，婆婆还在满口称赞"护发素"很实用。再后来，我给我婆婆买了一些适合她的产品，以后再也没有发生过这样的乌龙。

这个故事虽然有趣，但在另一方面也说明，我们爱美可以，但不能盲目，一定要选对产品和使用正确的方式，那你美对了吗？

现在的社会发展了，所有的女性都开始走向社会，开始独立，开始在社会中担当责任，拥有自己的一番事业。她们和男性的角色分工不那么明显了。

很多人总是让我去教一教她们应该怎样做一个女人，其实我也是这样一路走来的。当我觉得自己越来越强大的时候，同时也发现自己越来越不幸福，我的家庭出现了矛盾。

大多数嘴上说自己很强大，老公很一般的女性，她们的内心都不幸福。这是必然的事情，大部分女人都是在表象上觉得幸福，回到家之后，内心缺失的安全感和满满的空虚感立马会让人陷入痛苦。

当我出现这样的状况时，我放慢了自己的脚步，开始回家做饭，抽出很多的时间来陪孩子，陪家人散步，一起出去度假旅游，内心的感觉马上就变得不一样了。被人呵护，被人心疼的感觉，才是一个女人最大的幸福。

当女人变得越来越有女人味，变得越来越漂亮，被老公或者朋友称赞，你的幸福指数会直线上升。但是，属于你的幸福办法，你找对了吗？

穿衣，美妆，幸福，这些女人不可或缺的元素都需要我们自己来实现，这才是我们为之付出一生的事业，这些元素你都做对了吗？如果没有，或者你想做得更好，来让我们开始新的篇章！